中等职业教育电类专业规划教材

工厂电气控制设备

范国伟　主　编
任小平　副主编

中国铁道出版社
CHINA RAILWAY PUBLISHING HOUSE

内 容 简 介

本书是根据我国中职教育的现状和发展趋势，针对当前教学改革的需要，对现有的课程进行有机整合编写而成的。全书共分6个项目：基本电气控制线路、三相交流异步电动机的控制线路、直流电动机实用控制线路、常用机床和吊车的电气控制、可编程序控制器和综合实训等。本书的编写采用模块化方式，理论以必需、够用为度，减少了原有课程教学内容中重复的部分。其特点是讲述透彻，深入浅出，通俗易懂，便于教学。

本书适合作为中职院校工业电气自动化技术、电气技术、供用电技术、数控应用技术、机电一体化等专业相关课程的教材，也可供有关工程技术人员参考使用。

图书在版编目（CIP）数据

工厂电气控制设备/范国伟主编.—北京：中国铁道出版社，2012.3

中等职业教育电类专业规划教材

ISBN 978-7-113-14246-9

Ⅰ.①工… Ⅱ.①范… Ⅲ.①工厂－电气控制装置－中等专业学校－教材 Ⅳ.①TM571.2

中国版本图书馆CIP数据核字(2012)第043663号

书　　名： 工厂电气控制设备

作　　者： 范国伟　主编

策　　划： 周　欢　赵红梅　　　**读者热线：** 400-668-0820

责任编辑： 赵红梅　彭立辉

封面设计： 付　巍

封面制作： 白　雪

责任印制： 李　佳

出版发行： 中国铁道出版社（100054，北京市西城区右安门西街8号）

网　　址： http://www.51eds.com

印　　刷： 北京新魏印刷厂

版　　次： 2012年3月第1版　　2012年3月第1次印刷

开　　本： 787mm×1092mm　1/16　**印张：** 9.75　**字数：** 231千

印　　数： 1～3 000册

书　　号： ISBN 978-7-113-14246-9

定　　价： 19.00元

出版说明

为贯彻《国务院关于大力发展职业教育的决定》（国发[2005]35 号）精神，落实《教育部关于进一步深化中等职业教育教学改革的若干意见》（教职成[2008]8 号）关于“加强中等职业教育教材建设，保证教学资源基本质量”的要求，确保新一轮中等职业教育教学改革顺利进行，全面提高教育教学质量，保证高质量教材进课堂，我们遵循职业教育的发展规律，本着“依靠专家、研究先行、服务为本、打造精品”的出版理念，经过专家的行业分析及充分的市场调查，决定开发本系列教材。

本系列教材涵盖中等职业教育电类公共基础课及机电技术应用、电子技术应用、电子与信息技术、电子电器应用与维修、电气运行与控制、电气技术应用、电机电器制造与维修等专业的核心课程教材。我们邀请工业与信息产业职业教育教学指导委员会和全国机械职业教育教学指导委员会的专家及中国职业技术教育学会教学工作委员会的专家，依据教育部新的教改思想，共同研讨开发专业教学指导方案，并请知名专家教授、教学名师、学术带头人及“双师型”优秀教师参与编写，教材体例和教材内容与专业培养目标相适应，且具有如下鲜明的特色：

（1）按照职业岗位的能力要求，采用基础平台加专门化方向的课程结构，设置专业技能课程。公共基础课程和专业核心课程相得益彰，使学生快速掌握基础知识和实践技能。

（2）紧密联系生产劳动和社会实践，突出应用性和实践性，并与相关职业资格考核要求相结合，注重培养“双证书”技能人才。

（3）采用“理实一体化”、“任务引领”、“项目驱动”、“案例驱动”等多种教材编写体例，努力呈现图文并茂的教材形式，贯彻“做中学、做中教”的教学理念。

（4）强大的行业专家、职业教育专家、一线的教师队伍，特别是“双师型”教师的加入，为教材的研发、编写奠定了坚实的基础，使本系列教材全面符合中等职业教育的培养目标，具有很高的权威性。

（5）立体化教材开发方案，将主教材、配套素材光盘、电子课件等资源有机结合，具有网上下载习题及参考答案、考核认证等优势资源，有力地提高教学服务水平。

优质教材是职业教育重要的组成部分，是广大职业学校学生汲取知识的源泉。建设高质量符合职业教育特色的教材，是促进职业教育高效发展、为社会培养大量技能型人才的重要保障。我们相信，本系列教材的出版对于中等职业教育的教学改革与发展将起到积极的推动作用，同时希望更多的专家和一线教师加入到我们的研发和创作团队中来，为更好地服务于职业教育，奉献更多的精品教材而努力。

中国铁道出版社

前　言

FOREWORD

本书是根据2008年12月教育部《关于进一步深化中等职业教育教学改革的若干意见》的主要精神，并参照有关行业的职业技能鉴定规范及中级技术工人等级标准编写的中等职业教育规划教材。本书分为6个项目来讲解，分别是基本电气控制线路、三相交流异步电动机的控制线路、直流电动机实用控制线路、常用机床和吊车的电气控制、可编程序控制器和综合实训。学生通过本课程的理论学习，可掌握简单交直流电动机的基本工作原理和分析方法；通过技能训练，可提高对电动机实际操作的综合能力。本书可使学生掌握初中级专门人才所必需的电动机基本知识及基本技能，为学生全面提高自身素质，增强适应岗位变化的能力和继续学习的能力打下一定的基础。

"工厂电气控制设备"是一门理论和实践紧密结合的课程。本书在编写过程中从中等职业教育培养应用型技术人才这一目标出发，以工厂电气控制设备课程教学基本要求为依据，以应用为目的，理论以必需、够用为度，尽量降低专业理论的深度，突出实际应用，以培养技能为教学重点，由浅入深、循序渐进地介绍有关工厂电气以及应用方面的基础知识。本书着眼于学生在应用能力方面的培养，突出重点、分散难点，力求使之一看就懂、一学就会。本书每个项目的开始都配有学习目标，每个项目后都安排了相应的思考题。同时，在教材中还增加了综合技能训练，突出课程的应用性、实践性、针对性和有效性。

"工厂电气控制设备"是中等职业学校机电类及电气类专业的一门专业技术课程，是学生学习其他专业课程的基础，同时也是职工岗位培训的必学内容。本书总教学时数为52学时（包括技能训练6学时），各部分内容的课时分配建议如下：

教学项目	教　学　单　元	建议学时
项目1	基本电气控制线路	8
项目2	三相交流异步电动机的控制线路	10
项目3	直流电动机实用控制线路	8
项目4	常用机床和吊车的电气控制	10
项目5	可编程序控制器应用	8
项目6	综合实训	8
合计		52

本书由安徽工业大学范国伟担任主编，安徽省当涂县职业教育中心任小平担任副主编，安徽马鞍山技师学院毕厚龙技师、安徽马鞍山首创水务王伟技师、安徽马鞍山供电公司韩玉停工程师参加了编写。安徽职业技术学院程周审阅了全书，做了很多重要的修改与补充。在本书的编写过程中，得到安徽工业大学、安徽省当涂县职业教育中心、广东省农工商职业技术学校、安徽马鞍山技师学院和安徽省马鞍山工业学校的大力支持，在此一并表示感谢。

由于时间仓促，编者水平有限，书中疏漏之处在所难免，恳请使用本书的老师和同学批评指正。

编　者

2012年1月

目录

CONTENTS

项目 1

基本电气控制线路

项目描述

传统的继电接触器控制线路是工厂电气控制设备的基本电路。通过学习低压电器的知识，了解低压开关的结构和图形符号，了解电动机的点动与连续运转控制、电动机的正反转控制和时间控制、电动机的顺序和多点控制等基本组成线路，从而为识读工厂电气控制设备的电路原理打下基础。

知识目标

- 了解低压电器的基本知识；掌握常用低压电器的符号，会根据工作场所合理选用。
- 了解电动机的点动与连续运转控制、正反转控制、位置控制和时间控制线路原理。

能力目标

- 会分析基本单元控制线路的工作原理。
- 能动手安装和接线基本单元控制线路。

任务1　学习低压电器的知识

电器是指用于接通和断开电路或对电路和电气设备进行保护、控制和调节的电工器件。在电力输配电系统和电力拖动自动控制系统中，电器的应用极为广泛。

凡是对电能的生产、输送、分配和使用起控制、调节、检测、转换及保护作用的电工器械均可称为电器。用于交流 50 Hz 额定电压 1 200 V 及以下，直流额定电压 1 500 V 及以下的电路内起通断、保护、控制或调节作用的电器称为低压电器。

低压电器的分类：

① 按用途可分为配电电器和控制电器；

② 按动作方式可分为自动操作电器和手动操作电器；

③ 按执行机构可分为有触点电器和无触点电器。

低压配电电器是指用于低压配电系统中，对电器及用电设备进行保护和通断、转换电源或负载的电器，如熔断器、刀开关、低压断路器等。

低压控制电器是指用于低压电力传动、自动控制系统和用电设备中，使其达到预期的工作状态的电器，如接触器、主令电器、继电器等。

一、低压开关

开关是利用触点的闭合和断开在电路中起通断、控制作用的电器。一般情况下用手操作，所以它又是一种非自动切换的电器。常用的低压电器开关有刀开关、转换开关、自动开关等。

1. 刀开关

低压刀开关又称闸刀开关，是一种用来接通或切断电路的手动低压开关。用低压刀开关来接通和切断电路时，在刀刃和夹座之间会产生电弧。电路的电压越高，电流越大，电弧就越大。电弧会烧坏闸刀，严重时还会伤人。所以，低压刀开关一般用于电流在 500 A 以下，电压在 500 V 以下的不频繁开闭的线路中。

低压刀开关的种类很多，常用的有开启式负荷开关、铁壳开关和船形刀开关。

（1）开启式负荷开关

开启式负荷开关就是通常所说的胶木闸刀开关，胶木闸刀开关的底座为瓷板或绝缘底板，盒盖为绝缘胶木，它主要由闸刀开关和熔丝组成。这种闸刀开关的特点是结构简单，操作方便，因而在低压电路中应用广泛。

开启式负荷开关主要作为照明电路和小容量 5.5 kW 及 5.5 kW 以下动力电路不频繁启动的控制开关。

开启式负荷开关的瓷底座上装有进线座、静触点、熔体、出线座和带瓷质手柄的刀式动触点，上面盖有胶盖，以防止操作时触及带电体或分断时产生的电弧飞出伤人。其图形符号如图 1–1 所示，文字符号为 QS。

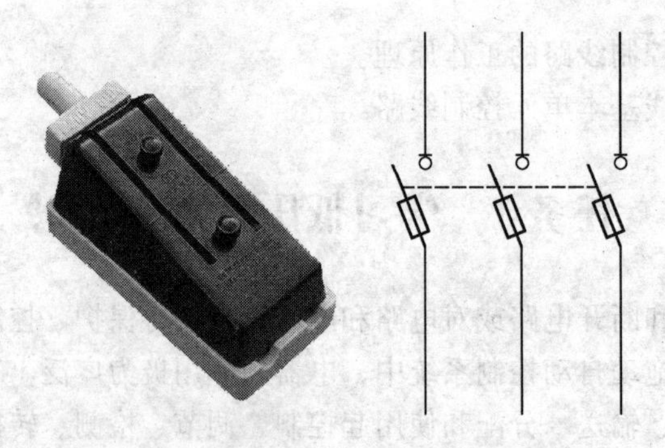

图 1–1 开启式负荷开关的外形和图形符号

（2）铁壳开关

铁壳开关又称封闭式负荷开关，主要由闸刀、熔断器、夹座和铁壳等组成。其外形和内部结构如图 1–2 所示。它和一般闸刀开关的区别是装有与转轴及手柄相连的速断弹簧。速断弹簧的作用是使闸刀与夹座快速接通和分离，从而使电弧很快熄灭。为了保证安全，铁壳开关装有机械联锁装置，使开关合闸后箱盖打不开；箱盖打开时，开关不能合闸。

铁壳开关适用于工矿企业、农村电力排灌和电热、照明等各种配电设备中，供手动不频繁地接通与分断电路，以及作为线路末端的短路保护之用。

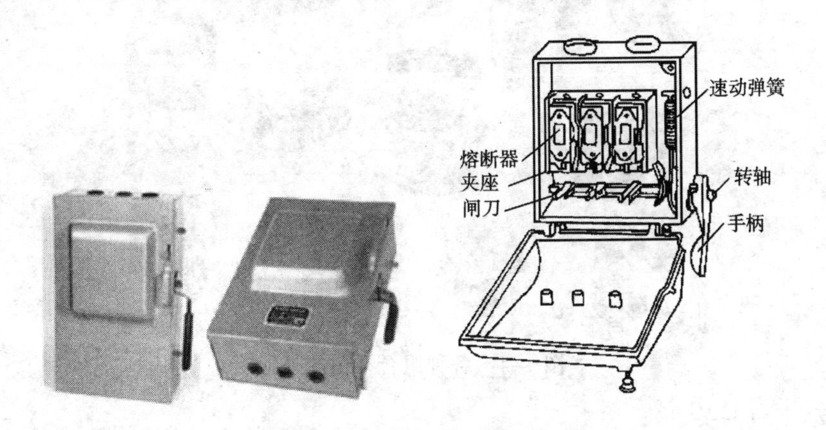

图 1-2　铁壳开关的外形和结构

2．组合开关

组合开关又称转换开关，其结构与上述刀开关不同，通过驱动转轴实现触点的闭合与分断，也是一种手动控制开关。组合开关的外形、结构和符号如图 1-3 所示。组合开关通断能力较低，一般用于小容量电动机的直接启动、电动机的正反转控制及机床照明控制电路中。它结构紧凑、体积小、操作方便。

常用的组合开关有 HZ_1、HZ_2、HZ_3、HZ_4、HZ_{10} 等系列产品。其中，HZ_{10} 系列组合开关具有寿命长、使用可靠、结构简单等优点。各种组合开关的外形如图 1-4 所示。

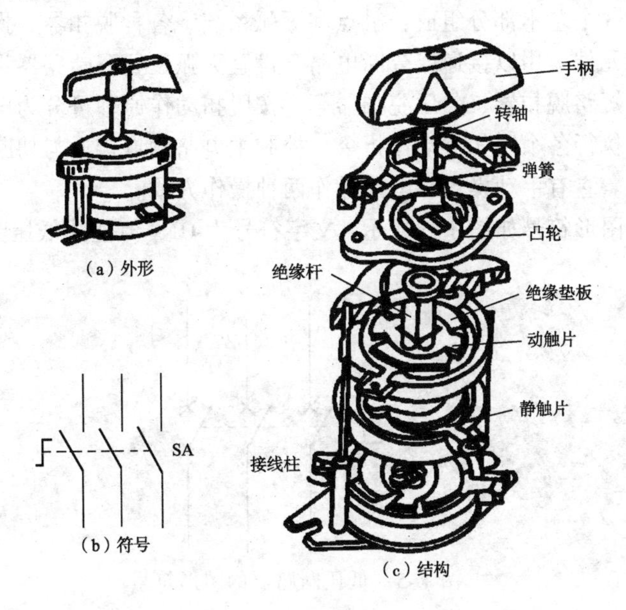

图 1-3　组合开关的外形、结构和符号

图 1-4　各种组合开关的外形

3．自动空气开关

断路器又称自动空气断路器、自动空气开关或自动开关，俗称自动跳闸，是一种可以自动切断故障线路的保护电器。即当线路发生短路、过载、失压等不正常现象时，能自动切断电路，保护电路和用电设备的安全。

低压断路器的作用是在低压电路中分断和接通负荷电路，在不频繁通断电路中，能够在电路过载、短路及失压时自动分断电路。常用做供电线路的保护开关、电动机及照明系统的控制开关。

常用断路器分框架式（万能式）和塑壳式（装置式）。根据其结构和功能不同分为小型及家用断路器、塑壳式断路器、万能式断路器和漏电保护断路器 4 类。

低压断路器由 3 个基本部分组成：触点和灭弧系统、各种脱扣器、操作机构。触点系统是低压断路器的执行元件，用以接通或分断电路，设置灭弧装置。断路器设有多种脱扣器，常见的有过载脱扣器、短路脱扣器、欠压脱扣器等。按脱扣动作原理可分为电磁脱扣器和热脱扣器两种。操作机构是执行各个脱扣器动作指令、控制主电路触点接通与切断的装置，通常为四连杆式弹簧储能机构。它有手动操作和电动操作两种操作方式。

低压断路器的图形符号如图 1-5 所示，文字符号为 QF。万能式低压断路器外形图如图 1-6 所示。

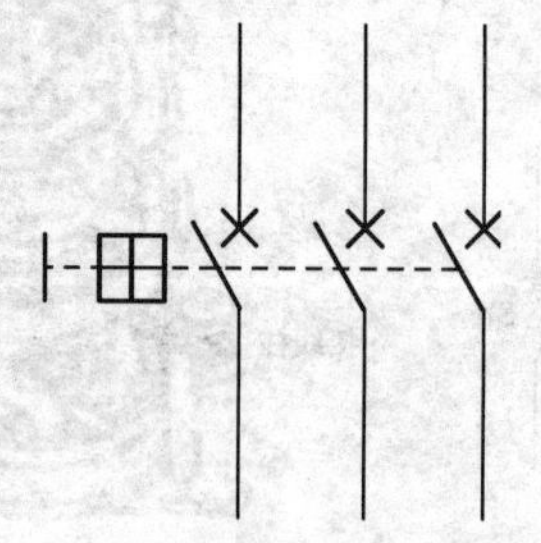

图 1-5　低压断路器的图形符号

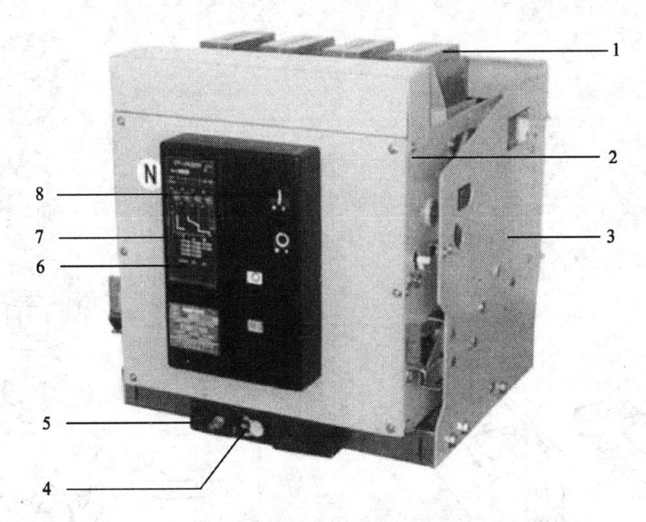

图 1-6 万能式低压断路器外形图

1—天弧罩 2—开关本体 3—抽屉座 4—连接/试验/分离指示

5—摇匀柄插入位置 6—智能脱扣器 7—分闸按钮 8—合闸按钮

二、低压熔断器

熔断器是一种最简单而且有效的保护电器。熔断器串联在电路中，当电路或电器设备发生过载和短路故障时，有很大的过载和短路电流通过熔断器，使熔断器的熔体迅速熔断，切断电源，从而起到保护线路及电器设备的作用。熔断器的图形符号如图 1-7 所示，文字符号为 FU。

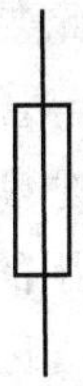

熔断器主要由熔体和安装熔体的熔管（或熔座）两部分组成，熔体的材料有两类，一类为低熔点材料：铅锡合金、锌等；另一类为高熔点材料：银丝或铜丝等。

熔管一般由硬制纤维或瓷制绝缘材料制成，既便于安装熔体，又有利于熔体熔断时电弧的熄灭。

图 1-7 熔断器的图形符号

熔断器按其结构类型分为插入式、螺旋式、有填料密封管式、无填料密封管式、自复式等。按用途来分，有保护一般电器设备的熔断器，如在电气控制系统中经常选用的螺旋式熔断器；还有保护半导体器件用的快速熔断器，如用以保护半导体硅整流元件及晶闸管的 RLS2 产品系列。

1．瓷插式熔断器

瓷插式熔断器是低压分支线路中常用的一种熔断器，其结构简单，分断能力小，多用于民用和照明电路。常用的瓷插式熔断器有 RC1A 系列，结构如图 1-8 所示。

2．螺旋式熔断器

螺旋式熔断器的熔管内装有石英沙或惰性气体，有利于电弧的熄灭，因此螺旋式熔断器具有较高的分断能力。熔体的上端盖有一熔断指示器，熔断时红色指示器弹出，可以通过瓷帽上的玻璃孔观察到。其结构如图 1-9 所示。

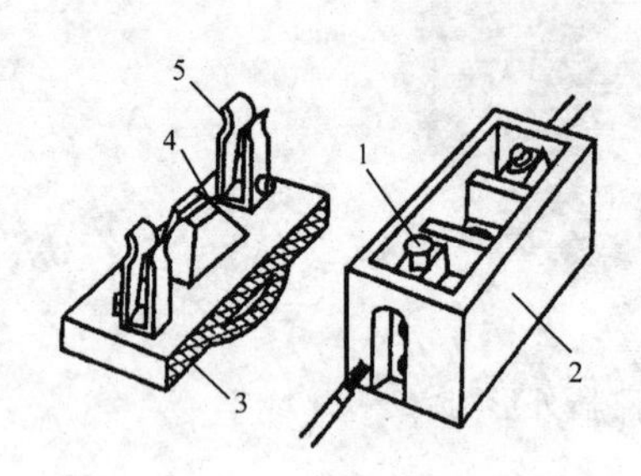

图 1-8　瓷插式熔断器的结构

1—静触点　2—瓷座

3—瓷盖　4—熔断丝　5—动触点

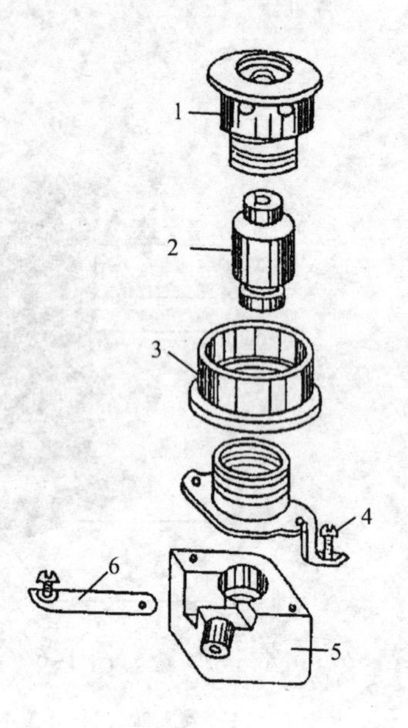

图 1-9　螺旋式熔断器的结构

1—瓷帽　2—熔断管 3—瓷套

4—上接线端　5—底座　6—下接线端

3．快速熔断器

快速熔断器主要用于保护半导体器件或整流装置的短路保护。半导体器件的过载能力很低，因此要求短路保护具有快速熔断的能力。快速熔断器的熔体采用银片冲成的变截面的 V 形熔片，熔管采用有填料的密闭管。常用的有 RLS2、RS3 等系列，NGT 是我国引进德国技术生产的一种分断能力高、限流特性好、功耗低、性能稳定的熔断器。

常用的低压熔断器还有密闭管式熔断器、无填料 RM10 型熔断器（见图 1-10）、有填料密闭管式熔断器（见图 1-11）、自复式熔断器等。

图 1-10　无填料密封式熔断器

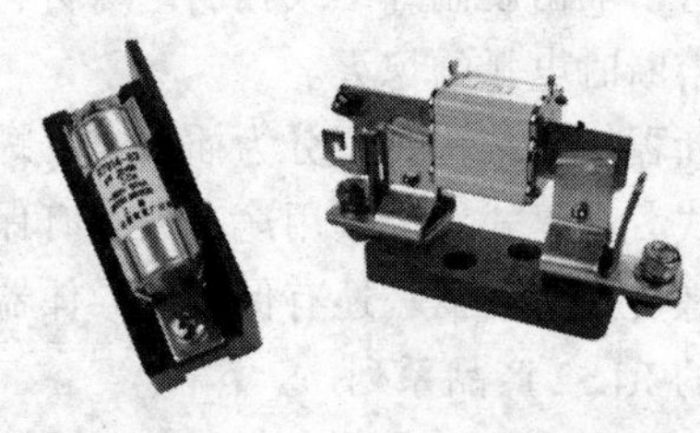

图 1-11　有填料式熔断器

（1）熔断器的技术参数

① 额定电压：熔断器的额定电压是指熔断器长期工作时和分断后，能正常工作的电压，其值一般应等于或大于熔断器所接电路的工作电压。

② 额定电流：熔断器的额定电流是指熔断器长期工作，温升不超过规定值时所允许通过的电流。一个额定电流等级的熔管，可以配合选用不同的额定电流等级的熔体，但熔体的额定电流必须小于等于熔断器的额定电流。

③ 极限分断能力：熔断器极限分断能力是指在规定的额定电压下能分断的最大的短路电流值。它取决于熔断器的灭弧能力。

（2）熔断器的选择

① 熔断器类型的选择：主要根据负载的过载特性和短路电流的大小来选择。例如，对于容量较小的照明电路或电动机的保护，可采用 RCA1 系列或 RM10 系列无填料密闭管式熔断器。对于容量较大的照明电路或电动机的保护，短路电流较大的电路或有易燃气体的地方，则应采用螺旋式或有填料密闭管式熔断器；用于半导体元件保护的，则应采用快速熔断器。

② 熔断器额定电压的选择：熔断器的额定电压应大于或等于实际电路的工作电压。

③ 熔断器额定电流的选择：熔断器的额定电流应大于等于所装熔体的额定电流。

④ 保护电动机的熔体的额定电流的选择：

- 保护一台异步电动机时，考虑电动机冲击电流的影响，熔体的额定电流按下式计算：$I_{RN} \geqslant (1.5 \sim 2.5) I_N$，式中，$I_N$为电动机的额定电流。
- 保护多台异步电动机时，出现尖峰电流时，熔断器不应熔断，则应按下式计算：$I_{RN} \geqslant (1.5 \sim 2.5) I_{Nmax} + \sum I_N$，式中，$I_{Nmax}$ 为容量最大的一台电动机的额定电流；$\sum I_N$ 为其余各台电动机额定电流的总和。

⑤ 熔断器的上、下级的配合：为使两级保护相互配合良好，两级熔体额定电流的比值不小于 1.6：1，或对于同一个过载或短路电流，上一级熔断器的熔断时间至少是下一级的 3 倍。

三、主令电器

主令电器主要用来接通和切断控制电路，以发布指令或信号，达到对电力传动系统工作状态的控制或实现程序控制。主令电器只能用于控制电路，不能用于通断主电路。

主令电器种类很多，本节主要介绍控制按钮、万能转换开关、行程开关、接近开关和光电开关。

1. 控制按钮

按钮是一种以短时接通或分断小电流电路的电器，它的触点允许通过的电流较小，一般不超过 5A。它不直接控制主电路的通断，而是通过控制电路的接触器、继电器、电磁启动器来操纵主电路。

按钮一般由按钮帽、复位弹簧、桥式动触点、静触点、支柱连杆及外壳等部分组成，其图形符号如图 1-12 所示，文字符号为 SB。各种按钮的外形如图 1-13 所示。

按钮按静态（不受外力作用）时触点的分合状态，可分为常开（动合）按钮（启动按钮）、常闭（动断）按钮（停止按钮）和复合按钮（常开、常闭组合为一体的按钮）。

- 常开按钮：未按下时，触点是断开的；按下时触点闭合；当松开后，按钮自动复位。
- 常闭按钮：与常开按钮相反，未按下时，触点是闭合的；当松开后，按钮自动复位。
- 复合按钮：将常开和常闭按钮组合为一体。按下复合按钮时，其常闭触点先断开，然后常开触点再闭合；而松开时，常开触点先断开然后常闭触点再闭合。

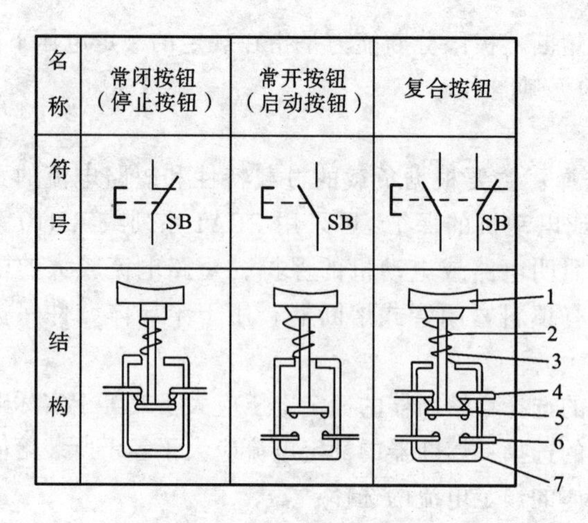

图 1-12 按钮的结构与符号

1—按钮帽 2—复位弹簧 3—支柱连杆

4—常闭静触点 5—桥式动触点 6—常开静触点 7—外壳

图 1-13 各种按钮的外形

2．万能转换开关

万能转换开关是一种多挡的转换开关，其特点是触点多，可以任意组合成各种开闭状态，能同时控制多条电路。其主要用于各种配电设备的远距离控制，各种电气控制线路的转换、电气测量仪表的换相测量控制。有时也被用做小型电动机的控制开关。

万能转换开关的结构和组合开关的结构相似，如图 1-14 所示，由多组相同结构的触点组件叠装而成，它依靠凸轮转动及定位，用变换半径操作触点的通断，当万能转换开关的手柄在不同的位置时，触点的通断状态是不同的。万能转换开关的手柄操作位置是用手柄转换的角度表示的，有 90°、60°、45°、30° 共 4 种。

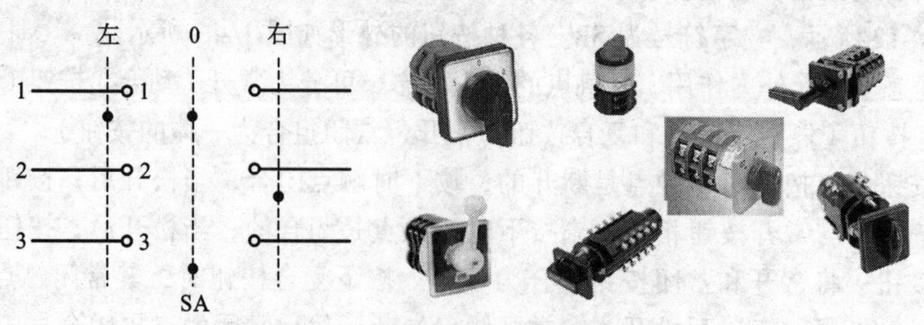

图 1-14 万能转换开关符号和外形

3．行程开关

行程开关又称位置开关或限位开关，其作用与按钮相同，用来接通或分断某些电路，达到一定的控制要求，利用机械设备某些运动部件的挡铁碰压行程开关的滚轮，使触点动作，将机械的位移信号——行程信号，转换成电信号，从而对控制电路发出接通、断开的转换命令。行程开关广泛应用于顺序控制、变换机械的运动方向、行程的长短和限位保护等自动控制系统中。

行程开关一般是由操作头、触点系统和外壳 3 部分组成。操作头接受机械设备发出的动作指令和信号，并将其传递到触点系统。触点系统将操作头传递的指令或信号变成电信号，输出到有关控制电路，进行控制。

行程开关的结构形式很多，按其动作及结构可分为按钮式（又称直动式）、旋转式（又称滚轮式）、微动式 3 种，其图形符号如图 1-15 所示，文字符号为 SQ。

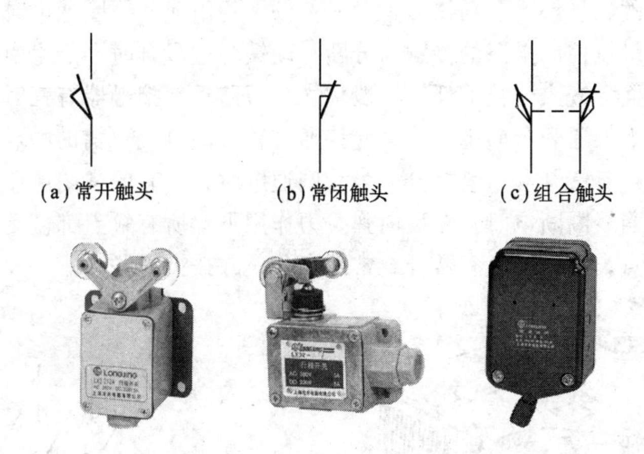

(a) 常开触头　(b) 常闭触头　(c) 组合触头

图 1-15　行程开关的图形符号和外形

4．接近开关

接近开关为电气结构的非接触式行程开关：当运动着的物体接近它到一定距离时，发出信号，从而进行相应的控制和操作。

接近开关的类型分为高频振荡型、霍尔效应型、电容型、超声波型等。

接近开关的参数有动作距离、重复精度、操作频率及复位行程等。

接近开关的图形符号和外形如图 1-16 所示。

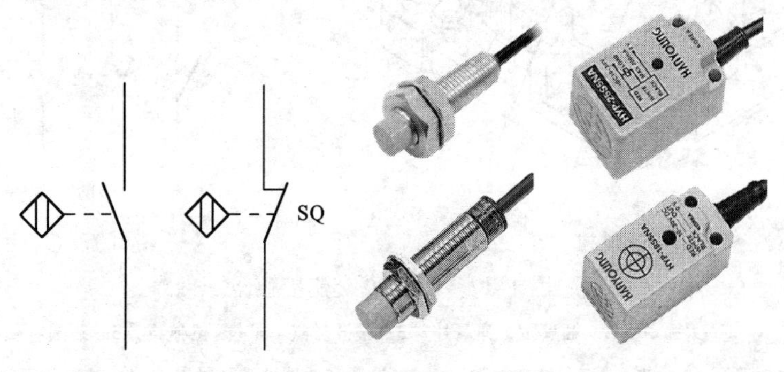

图 1-16　接近开关的图形符号和外形

四、接触器

1. 接触器的用途及分类

接触器是一种通用性很强的电磁式电器，它可以频繁地接通和分断交、直流主电路，并可实现远距离控制，主要用来控制电动机，也可控制电容器、电阻炉和照明器具等电力负载。

接触器按主触点通过电流的种类，可分为交流接触器和直流接触器。按其主触点的极数还可分为单极、双极、三极、四极和五极等多种。

2. 接触器的工作原理及结构

（1）交流接触器

交流接触器主要由电磁系统、触点系统和灭弧装置构成。其图形及符号如图 1-17 所示，文字符号为 KM。

电磁系统是由线圈、静铁心、动铁心（又称衔铁）等组成。线圈通电时产生磁场，动铁心被吸向静铁心，带动触点控制电路的接触与分断。动铁心被吸合时会产生衔铁振动，为了消除这一弊端，在铁心端面上嵌入一只铜环，一般称之为短路环。接触器有三对主触点和四对辅助触点，三对主触点用于接通和分断主电路，允许通过较大的电流；辅助触点用于控制电路，只允许小电流通过。触点有常开和常闭之分，当线圈通电时，所有的常闭触点首先分断，然后所有的常开触点闭合；当线圈断电时，在反向弹簧力作用下，所有触点都恢复平常状态。接触器的主触点均为常开触点，辅助触点有常开、常闭之分，并按上述联动。

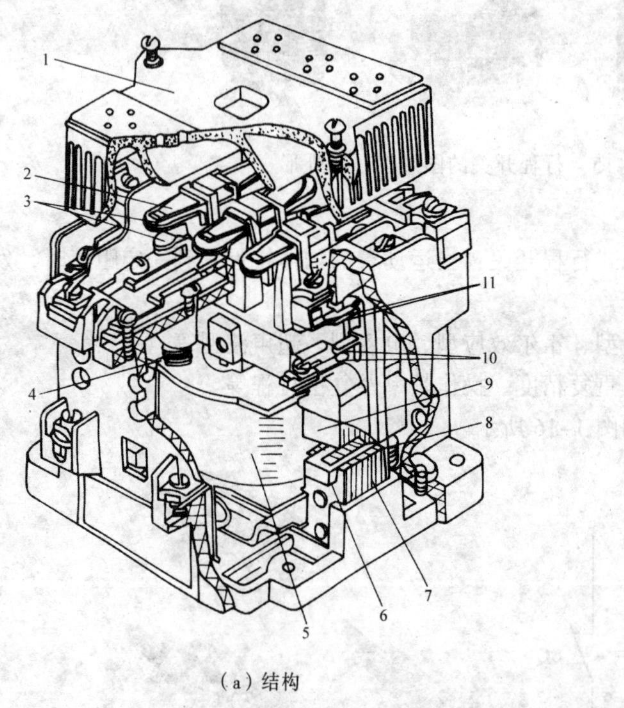

（a）结构

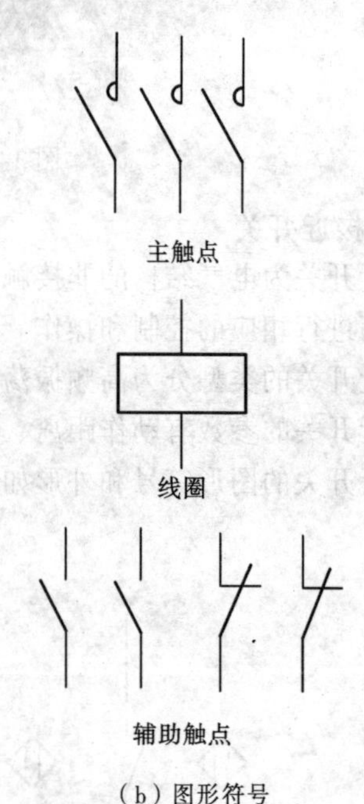

（b）图形符号

图 1-17　CJ0-20 交流接触器

1—灭弧罩　2—触点压力弹簧片　3—常开触点　4—复位弹簧　5—线圈
6—短路环　7—铁心　8—缓冲弹簧　9. 衔铁　10—辅助常开触点　11—辅助常闭触点

接触器在分断大电流电路时，在动、静触点之间会产生较大的电弧，它不仅会烧坏触点，延长电路分断时间，严重时还会造成相间短路。所以，在 20 A 以上的接触器中主触点上均装有陶瓷灭弧罩，以迅速切断触点分断时所产生的电弧。

（2）直流接触器

直流接触器（见图 1-18）主要用于控制直流电压至 440 V、直流电流至 1 600 A 的直流电力线路，常用于频繁地操作和控制直流电动机。直流接触器的结构和工作原理与交流接触器基本相同，在结构上也是由电磁机构、触点系统和灭弧装置等组成，但也有不同之处。例如，直流接触器线圈中通过的是直流电，产生的是恒定的磁通，不会在铁心中产生磁滞损耗和涡流损耗，所以铁心不发热。铁心是用整块铸钢或铸铁制成，并且由于磁通恒定，其产生的吸力在衔铁和铁心闭合后是恒定不变的，因此在运行时没有振动和噪声，所以在铁心上不需要安装短路环。

在直流接触器运行时，电磁机构中只有线圈产生热量，为了使线圈散热良好，通常将线圈绕制成长而薄的圆筒形，没有骨架，与铁心直接接触，便于散热。直流接触器的主触点在分断大的直流电时，产生直流电弧，较难熄灭，一般采用灭弧能力较强的磁吹式灭弧。

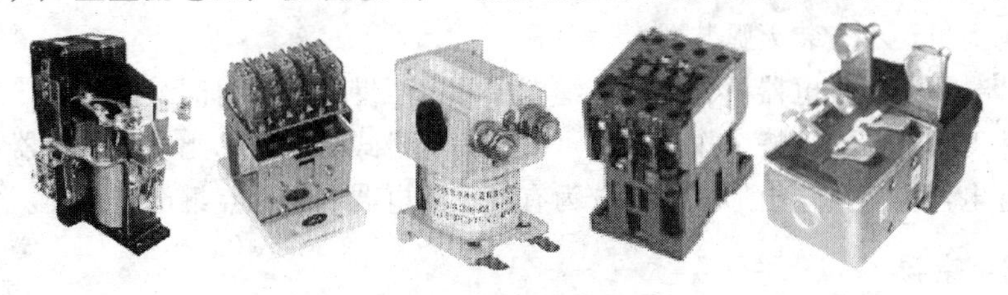

图 1-18 直流接触器

3．接触器的主要技术参数

① 额定电压：接触器铭牌上标注的额定电压是指主触点正常工作的额定电压。交流接触器常用的额定电压等级有 127 V、220 V、380 V、660 V；直流接触器常用的电压等级有 110 V、220 V、440 V、660 V。

② 额定电流：接触器铭牌上标注的额定电流是指主触点的额定电流。交、直流接触器常用的额定电流的等级有 10 V、20 V、40 V、60 V、100 V、150 V、250 V、400 V、600 A。

③ 线圈的额定电压：指接触器吸引线圈的正常工作电压值。交流线圈常用的电压等级为 36 V、110 V、127 V、220 V、380 V；直流线圈常用的电压等级为 24 V、48 V、110 V、220 V、440 V。选用时交流负载选用交流接触器，直流负载选用直流接触器，但交流负载频繁动作时可采用直流线圈的交流接触器。

4．交流接触器的主要型号

CJ10 系列交流接触器：适用于交流 50 Hz，电压至 380 V，电流至 150 A 的电力线路，作远距离接通与分断线路之用，并适宜于频繁地启动和控制交流电动机。

CJ20 系列交流接触器：适用于交流 50 Hz、电压至 660 V、电流至 630 A 的电力线路，供远距离接通与分断线路之用，并适宜于频繁地启动和控制交流电动机。其优点是体积小，重量轻，易于维护。

5．直流接触器的主要型号

CZ0 系列直流接触器：适用于直流电压 440 V 以下、电流 600 A 及以下的电路，供远距离接通和分断直流电力线路，及频繁启动、停止直流电动机及控制直流电动机的换向及反接制动。

CZ18 系列直流接触器：适用于直流电压 440 V 以下、电流至 1 600 A 及以下电路，供远距离接通和分断直流电力线路，及频繁启动、停止直流电动机及控制直流电动机的换向及反接制动。

6．接触器的选择

在选用交流接触器时应注意两点：第一，主触点的额定电流应等于或大于电动机的额定电流；第二，所用接触器线圈额定电压必须与线圈所接入的控制回路电压相符。

五、继电器

继电器是一种根据电或非电信号的变化来接通或断开小电流（一般小于 5A）控制电路的自动控制电器。继电器的输入量（如电流、电压、温度、压力等）变化到某一定值时继电器动作，其触点便接通和断开控制回路。由于继电器的触点用于控制电路中，通断的电流小，所以继电器的触点结构简单，不安装灭弧装置。

按输入信号不同，继电器可分为电流继电器、电压继电器、时间继电器、热继电器以及温度、压力、速度继电器等。按工作原理又可以分为电磁式继电器、感应式继电器、电动式继电器、电子式继电器等。按输出形式还可分为有触点继电器和无触点继电器两类。

1．中间继电器

中间继电器触点数量多，触点容量大，在控制电路中起增加触点数量和中间放大的作用，有的中间继电器还带有短延时。其线圈为电压线圈，要求当线圈电压为 0 时，衔铁能可靠释放，对动作参数无要求，中间继电器没有弹簧调节装置。其图形符号如图 1–19 所示，文字符号为 KA。

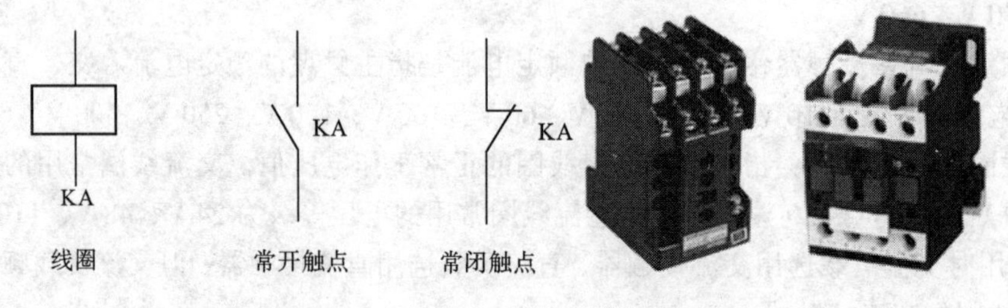

图 1–19　中间继电器的图形符号和外形

2．电流继电器

电流继电器是根据输入（线圈）电流大小而动作的继电器，分为过流继电器和欠流继电器。电流继电器的图形符号和外形如图 1–20 所示。

（1）过电流继电器

过电流继电器的作用是：当电路发生短路及过流时立即将电路切断。但是，过电流继电器的线圈电流小于整定电流时，继电器不动作；线圈电流超过整定电流时，继电器才动作。

一般过电流继电器的动作电流整定范围：交流为（110% ~ 350%）I_N，直流为（70% ~ 300%）I_N。

（2）欠电流继电器

欠电流继电器的作用是：当电路电流过低时立即将电路切断。但是，欠电流继电器的线圈电流大于或等于整定电流时继电器吸合；线圈电流低于整定电流时，继电器释放。

一般过电流继电器的动作电流整定范围：吸合电流为（30%～50%）I_N，释放电流为（10%～20%）I_N。

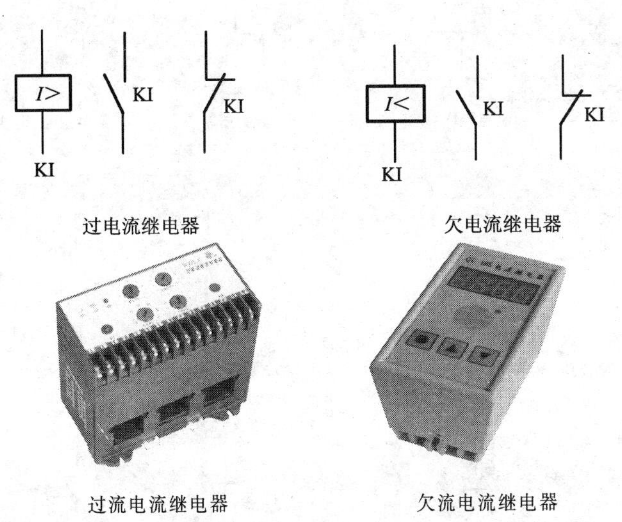

图 1-20　电流继电器的图形符号和外形

电流继电器的主要技术指标：

- 动作电流 I_q：使电流继电器开始动作所需的电流值。
- 返回电流 I_f：电流继电器动作后返回原状态时的电流值。
- 返回系数 K_f：返回值与动作值之比，$K_f = I_f / I_q$。

3．电压继电器

电压继电器是根据输入(线圈)电压大小而动作的继电器。电压继电器分过压继电器和欠压继电器，其符号如图 1-21 所示。过电压继电器的动作电压整定范围为（105%～120%）U_N；欠电压继电器的吸合电压调整范围为（30%～50%）U_N；释放电压调整范围为（7%～20%）U_N。

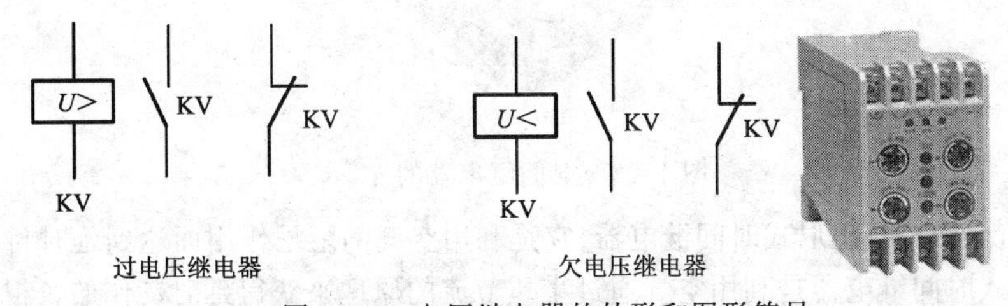

图 1-21　电压继电器的外形和图形符号

从形态上，可分为电磁式电压继电器和静态电压继电器（集成电路电压继电器）。

按结构类型，可分为凸出式固定结构、凸出式插拔式结构、嵌入式插拔结构、导轨式结构等。

4. 时间继电器

从得到输入信号（线圈通电或断电）开始，经过一定的延时后才输出信号（触点闭合或断开）的继电器，称为时间继电器。时间继电器的图形符号如图 1-22 所示，文字符号为 KT。

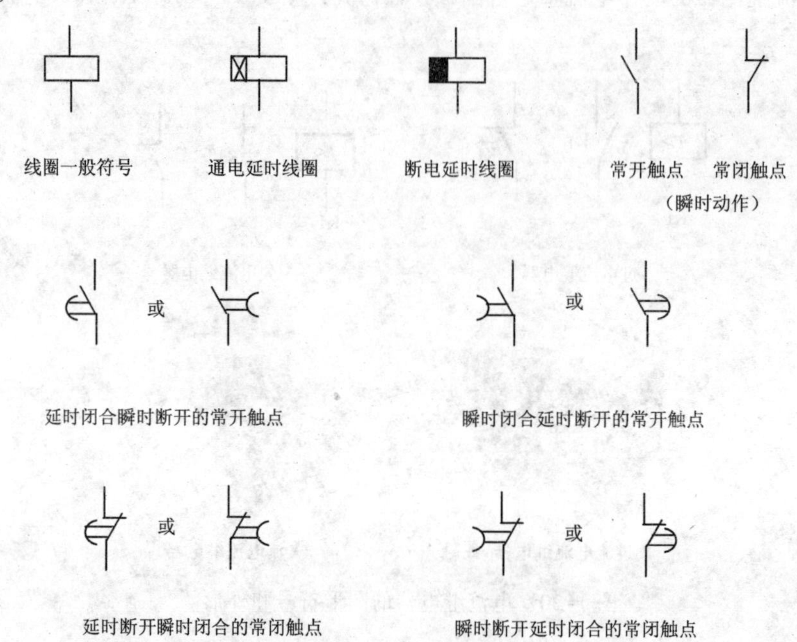

图 1-22 时间继电器的图形符号

时间继电器的外形如图 1-23 所示。

图 1-23 时间继电器的外形

图 1-24 所示为空气阻尼式时间继电器，它是利用空气的阻尼作用而达到延时目的的。JS7-A 系列空气阻尼式时间继电器是利用空气通过小孔节流的原理来获得延时动作的，根据触点的延时特点，它可以分为通电延时与断电延时两种。它主要由电磁系统、工作触点、气室和传动机构等部分组成。

电磁系统由电磁线圈、静铁心、衔铁、反作用弹簧片组成，其工作情况与接触器差不多，但结构上有较大的差异。工作触点由两副瞬时触点和两副延时触点组成，每副触点均为一个常开和一个常闭。气室由橡皮膜、活塞等组成，橡皮膜与活塞可随气室中的气量增减而移动。气室上面有一颗调节螺钉，可调节气室进气速度的高低，从而改变延时的时间。

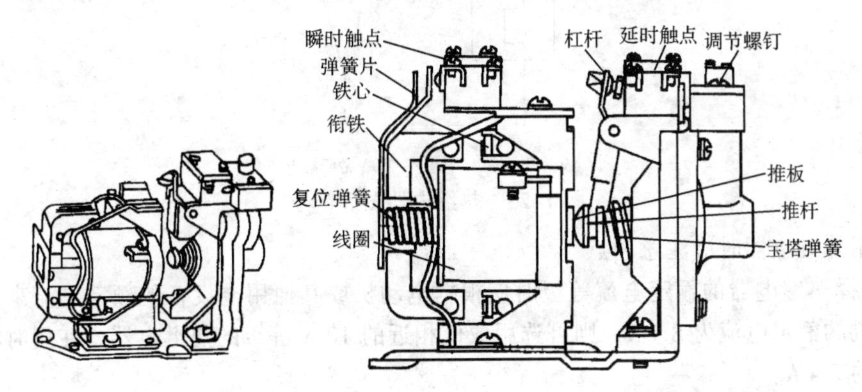

图 1-24　空气阻尼式时间继电器

时间继电器的电路符号比一般继电器复杂。触点有 6 种情况，尤其对常开触点延时断开，常闭触点延时闭合，要仔细领会。

时间继电器的安装与使用：

① 时间继电器应按说明书规定的方向安装。无论是通电延时型，还是断电延时型，都必须使继电器在断电后释放时，衔铁的运动方向垂直向下，其倾斜度不得超过 5°。

② 时间继电器的整定值，应预先在不通电时整定好，并在试车时校正。

③ 通电延时型和断电延时型可在整定时间内自行调换。

除空气阻尼式时间继电器外，还有直流电磁式时间继电器、电动式时间继电器、电子式时间继电器等，这里不再一一介绍。

5．热继电器

按相数来分，热继电器有单相、两相和三相式 3 种类型。按功能来分，三相式的热继电器又有带断相保护装置的和不带断相保护装置的。按复位方式分，热继电器有自动复位的和手动复位的，所谓自动复位是指触点断开后能自动返回。按温度补偿，可分为带温度补偿的和不带温度补偿的。

常用的热继电器有 JR20、JR36、JRS1 系列，具有断相保护功能的热继电器系列，一般只能和相应系列的接触器配套使用，如 JR20 热继电器必须与 CJ20 接触器配套使用。热继电器的图形符号如图 1-25 所示，文字符号为 FR。

热继电器使用时，应将热元件串联在主电路中，常闭触点串联在控制电路中，当电动机过载时，流过电阻丝的电流超过热继电器的整定电流，电阻丝发热增多，温度升高，由于两块金属片的热膨胀程度不同而使主双金属片向右弯曲，通过传动机构推动常闭触点断开，分断控制电路，再通过接触器切断主电路，实现对电动机的过载保护。电源切除后，主双金属片逐渐冷却恢复原位。

热继电器的复位机构有手动复位和自动复位两种，可根据使用要求通过复位调节螺钉来自由调整选择。一般自动复位时间不大于 5 min，手动复位时间不大于 2 min。

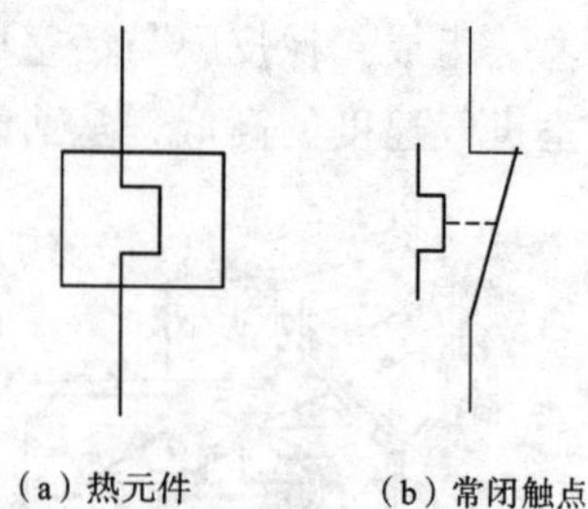

（a）热元件　（b）常闭触点

图 1-25　热继电器图形符号

在选用热继电器时应注意两点：

① 选择热继电器的额定电流等级时应根据电动机或其他用电设备的额定电流来确定。例如，电动机的额定电流为 8.4 A，则可选用数值相近的 10 A 等级的热继电器，使用时将整定电流调整到约 8.4 A。

② 热继电器的热元件有两相和三相两种形式（老产品以两相为主），在一般的工作机械电路中可选用两相的热继电器，但是当电动机作三角形连接并以熔断器作短路保护时，则选用带断相保护装置的三相热继电器。

热继电器的整定电流值为（0.95~1.05）A 电动机的额定电流。所谓整定电流是指热继电器长期不动作的最大电流，超过此值就要动作。整定电流值应与被保护电动机额定电流值相等，其大小可通过旋转整定电流钮来实现。双金属片式热继电器的结构如图 1-26 所示。

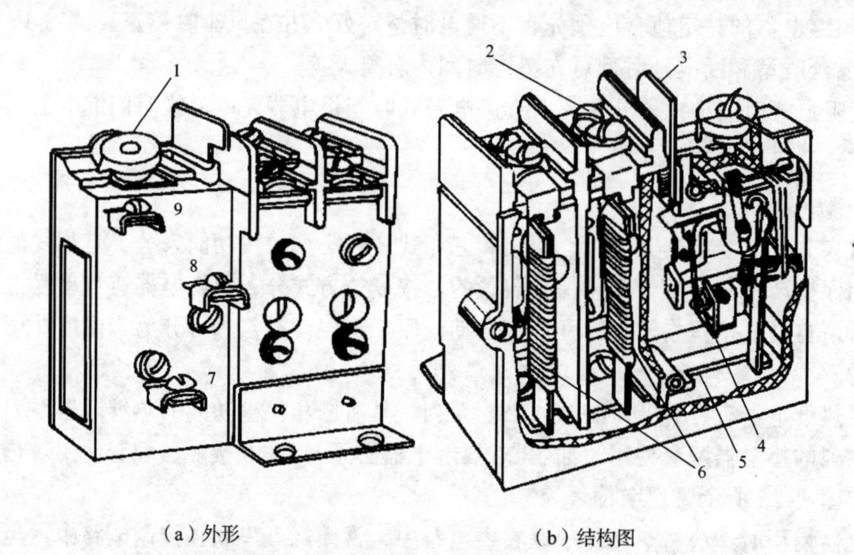

（a）外形　（b）结构图

图 1-26　双金属片式热继电器的结构

1—电流整定装置　2—主电路接线柱　3—复位按钮
4—常闭触点　5—动作机构　6—热元件　7—常闭触点接线柱
8—公共动触点接线柱　9—常开触点接线柱

6. 速度继电器

速度继电器是根据旋转体的转速的大小控制电路的通断。动作转速为：大于 120 r/min，复位转速为：小于 100 r/min。

速度继电器主要用于三相异步电动机反接制动的控制电路中，其任务是当三相电源的相序改变以后，产生与实际转子转动方向相反的旋转磁场，从而产生制动力矩。因此，使电动机在制动状态下迅速降低速度。在电动机转速接近零时立即发出信号，切断电源使之停车（否则电动机开始反方向启动）。

速度继电器的转子是一个永久磁铁，与电动机或机械轴连接，随着电动机旋转而旋转。定子与鼠笼转子相似，内有短路条，能围绕着转轴转动。当转子随电动机转动时，它的磁场与定子短路条相切割，产生感应电势及感应电流，这与电动机的工作原理相同，故定子随着转子转动而转动起来。定子转动时带动杠杆，杠杆推动触点，使之闭合与分断。当电动机的转速下降到 100 r/min 左右，由于鼠笼绕组的电磁力不足，顶块返回，触点复位。因继电器的触点动作与否与电动机的转速有关，所以速度继电器当电动机旋转方向改变时，继电器的转子与定子的转向也改变，这时定子就可以触动另外一组触点，使之分断与闭合。当电动机停止时，继电器的触点即恢复原来的静止状态。

由于继电器工作时是与电动机同轴的，不论电动机正转或反转，电器的两个常开触点，就有一个闭合，准备实行电动机的制动。一旦开始制动时，由控制系统的联锁触点和速度继电器的备用闭合触点，形成一个电动机相序反接（俗称倒相）电路，使电动机在反接制动下停车。而当电动机的转速接近零时，速度继电器的制动常开触点分断，从而切断电源，使电动机制动状态结束。

速度继电器应用广泛，可以用来监测船舶、火车的内燃机引擎，以及气体、水和风力涡轮机，还可以用于造纸业、箔的生产和纺织业生产上。在船用柴油机以及很多柴油发电机组的应用中，速度继电器作为一个二次安全回路，当紧急情况产生时，迅速关闭引擎。

常用的速度继电器有 JY1 型和 JFZ0 型两种。其中，JY1 型可在 700 ~ 3 600 r/min 范围内可靠地工作；JFZO - 1 型适用于 300 ~ 1 000 r/min；JFZO–2 型适用于 1 000 ~ 3 600 r/min。它们具有两个常开触点、两个常闭触点，触电额定电压为 380 V，额定电流为 2 A。一般速度继电器的转轴在 130 r/min 左右即能动作，在 100 r/min 时触点即能恢复到正常位置。可以通过螺钉的调节来改变速度继电器动作的转速，以适应控制电路的要求。

在自动控制中，有时需要根据电动机转速的高低来接通和分断某些电路，例如鼠笼式电动机的反接制动，当电动机的转速降到很低时应立即切断电流，以防止电动机反向启动。这种动作就需要速度继电器来控制完成。

速度继电器的外形如图 1–27 所示。

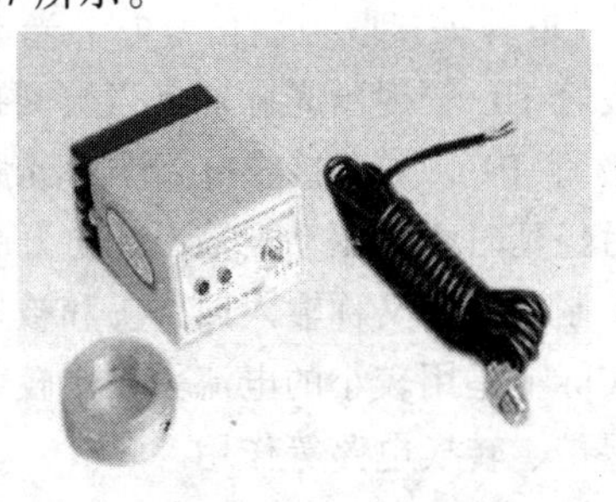

图 1–27　速度继电器的外形

速度继电器的结构和符号如图 1–28 所示。

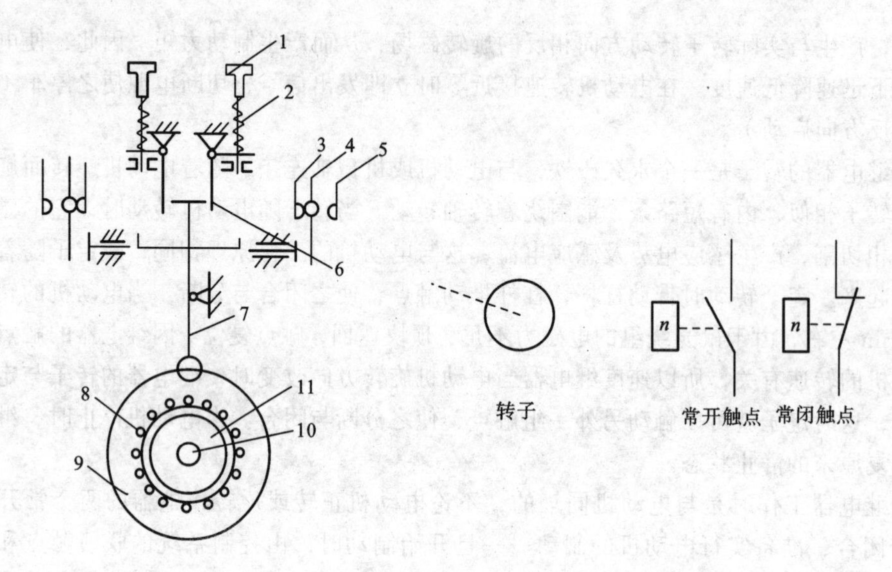

图 1-28 速度继电器的结构和图形符号

1—调节螺钉 2—复位弹簧 3—常闭触点 4—动触点 5—常开触点
6—返回杠杆 7—杠杆 8—定子导体 9—定子 10—转轴 11—转子

7. 其他功能继电器

其他功能的继电器还有很多种，图 1-29 所示为光电继电器、温度继电器和压力继电器。

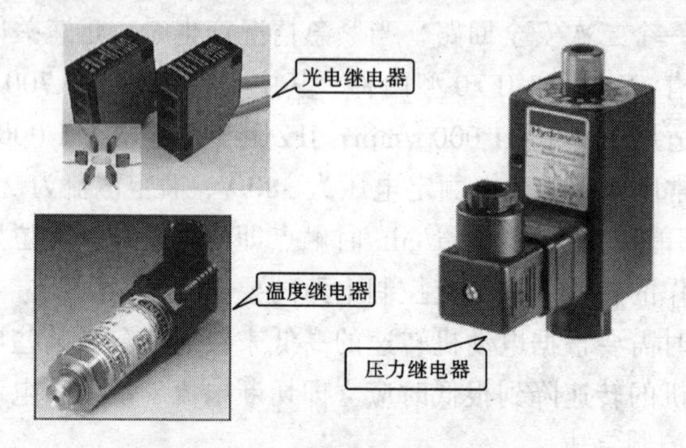

图 1-29 其他种类的继电器

① 光电继电器是由半导体光电开关接收控制信号的，光电开关是由振荡回路产生的调制脉冲经反射电路后，由发光二极管 GL 辐射出光脉冲。当被测物体进入受光器作用范围时，被反射回来的光脉冲进入光电三极管 DU，并在接收电路中将光脉冲解调为电脉冲信号，再经放大器放大和同步选通整形，然后经延时触发驱动器输出光电开关控制信号。因此，光电继电器是一种电子控制器件，它具有控制系统（又称输入回路）和被控制系统（又称输出回路），通常应用于自动控制电路中。它实际上是用较小的电流去控制较大电流的一种“自动开关”，故在电路中起着自动调节、安全保护、转换电路等作用。

② 温度继电器是当外界温度达到给定值时而动作的继电器。它在电子电路图中的符号是 FC。该产品为通接触感应式密封温度继电器，具有体积小、重量轻、控温精度高等特点，通用性极强。温度继电器是使用最为广泛的产品，可供航空航天、监控摄像设备、电动机、电器设备及其他行业作温度控制和过热保护用。当被保护设备达到规定温度的值时，该继电器立即工

作达到切断电源保护设备安全的目的。按动作性质，可分为：常开型、常闭型；按照材质分可分为：电木体、塑胶体、铁壳体、陶瓷体。

③ 压力继电器是将压力转换成电信号的液压元器件，客户根据自身的压力设计需要，通过调节压力继电器，实现在某一设置的压力时，输出一个电信号的功能。其工作原理为：压力继电器是利用液体的压力来启闭电气触点的液压电气转换元件。当系统压力达到压力继电器的调定值时，发出电信号，使电气元件（如电磁铁、电动机、时间继电器、电磁离合器等）动作，使油路卸压、换向，执行元件实现顺序动作，或关闭电动机使系统停止工作，起安全保护作用等。压力继电器有柱塞式、膜片式、弹簧管式和波纹管式4种结构形式。

④ 磁保持继电器是近几年发展起来的一种新型继电器，也是一种自动开关。和其他电磁继电器一样，对电路起着自动接通和切断作用。所不同的是，磁保持继电器的常闭或常开状态完全是依赖永久磁钢的作用，其开关状态的转换是靠一定宽度的脉冲电信号触发而完成的。

⑤ 固态继电器是一种两个接线端为输入端，另两个接线端为输出端的四端器件，中间采用隔离器件实现输入/输出的电隔离。固态继电器按负载电源类型可分为交流型和直流型；按开关型式可分为常开型和常闭型；按隔离型式可分为混合型、变压器隔离型和光电隔离型，以光电隔离型为最多。

任务2 了解电动机的点动与连续运转控制

一、点动正转控制线路

点动正转控制线路用于调整工作状态，要求是一点一动，即按一次按钮动一下，连续按则连续动，不按则不动，这种动作常称为“点动”或“点车”。这种控制方法常用于电动葫芦的起重电动机控制和车床拖板箱快速移动电动机控制。

1. 电气原理图

点动正转控制线路如图1–30所示。

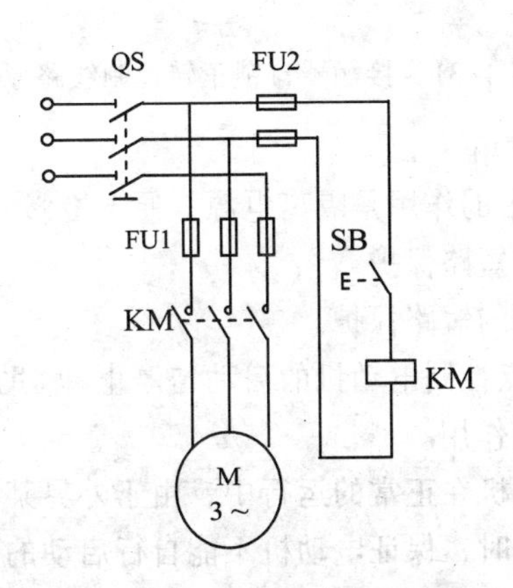

图1–30 点动控制线路原理图

2. 电路中的元件及其作用

- 隔离开关QS：在电路中的作用是隔离电源，便于检修。

- 熔断器 FU1：主电路的短路保护。
- 熔断器 FU2：控制电路的短路保护。
- 交流接触器 KM：主触点控制电动机的启动与停止。
- 启动按钮 SB：控制接触器 KM 的线圈得电与失电。

3．工作原理

合上 QS：

启动：按下 SB ⟶ KM 线圈得电 ⟶ KM 主触点闭合 ⟶ 电动机 M 得电启动

停止：断开 SB ⟶ KM 线圈失电 ⟶ KM 主触点断开 ⟶ 电动机 M 失电停转

二、接触器自锁正转控制线路

在要求电动机启动后能连续运转时，采用点动正转控制线路显然是不行的。

1．电气原理图

为实现电动机的连续运转，可采用如图 1-31 所示的接触器自锁正转控制线路。

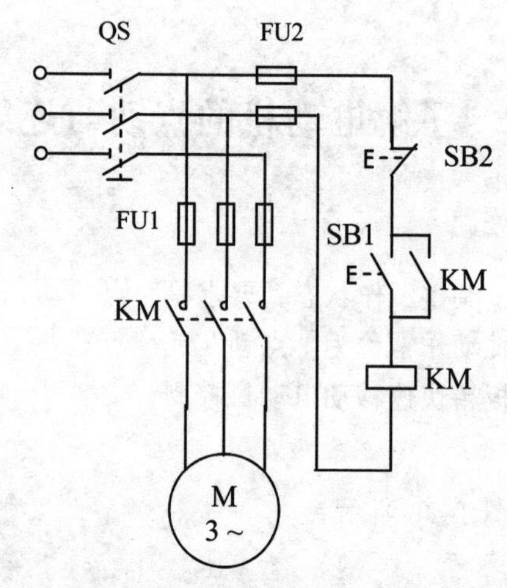

图 1-31 接触器自锁正转控制线路原理图

2．电路中的元件及其作用

- 隔离开关 QS：在电路中的作用是隔离电源，便于检修。
- 熔断器 FU1：主电路的短路保护。
- 熔断器 FU2：控制电路的短路保护。
- 交流接触器 KM：主触点控制电动机的启动与停止，辅助常开触点在电路中起到失压（零压）保护和欠压保护的作用。

所谓失压保护就是指电动机在正常的运行中，由于外界某种原因引起突然断电时，能自动断开电动机电源，当重新供电时，保证电动机不能自行启动的一种保护。

所谓欠压保护就是指当控制电路的电压低于线圈额定电压 85%以下时，主触点和辅助常开触点同时分断，自动切断主电路和控制电路，电动机失电停转。

- 启动按钮 SB1：控制接触器 KM 线圈的得电。
- 停止按钮 SB2：控制接触器 KM 线圈的失电。

3．工作原理

合上 QS：

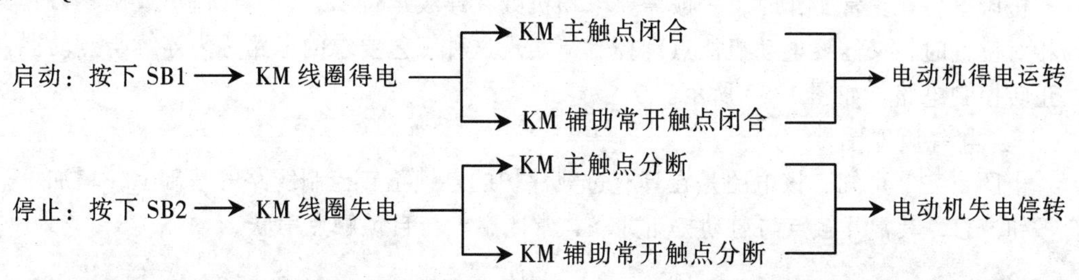

由该电路的工作原理可知：电路启动后，当松开 SB1 时，因为交流接触器 KM 的辅助常开触点闭合时已将 SB1 短接，控制电路仍保持接通，所以交流接触器 KM 的线圈继续得电，电动机实现连续运转。像这样当松开启动按钮后，交流接触器通过自身常开触点而使线圈保持得电的作用称为自锁。与启动按钮并联起自锁作用的常开触点称为自锁触点。

三、具有过载保护的自锁正转控制线路

上述线路由熔断器 FU 作短路保护，由接触器 KM 作欠压和失压保护，但在实际应用中还是不够的。因为电动机在运行过程中，如果长期负载过大或启动操作频繁，或者缺相运行等原因，都可能使电动机定子绕组的电流增大，超过其额定值。而电路在这种情况下，熔断器往往并不能立即熔断，从而引起电动机的定子绕组过热，缩短电动机的寿命，严重时甚至会使电动机的定子绕组烧毁。因此，实际应用中对电动机还应采取过载保护措施。

所谓过载保护就是指当电动机出现过载时，能自动切断电动机电源，使电动机停转。电动机常用的过载保护是由热继电器来实现的，如图 1-32 所示。在接触器自锁正转控制线路中加入一个热继电器，使热继电器的热元件串接在主电路中，热继电器的常闭触点串接在控制电路中，这就构成了具有过载保护的自锁正转控制线路。该电路的工作原理及如何起到过载保护的，请读者自行分析。

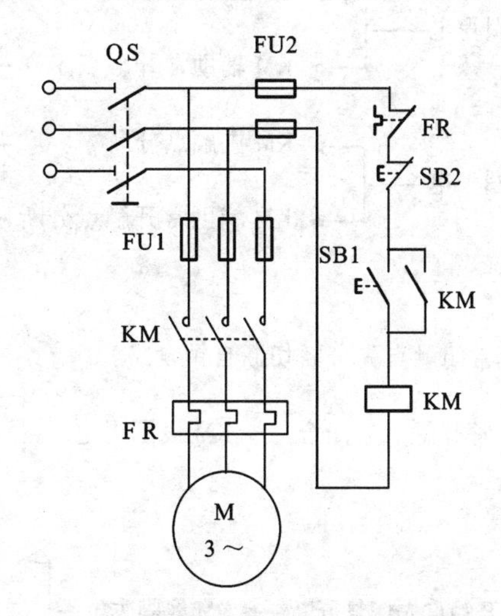

图 1-32 具有过载保护的自锁正转控制线路原理图

四、连续与点动混合控制的正转控制线路

机床设备在正常工作时，一般需要电动机处在连续运行状态，但在试车或调整刀具与工件的相对位置时，又需要电动机能点动控制，实现这种工艺要求的电路称为连续与点动混合控制的正转控制电路，如图 1-33 所示。

1. 电气原理图

由图 1-33 可知，该电路是在具有过载保护的自锁正转控制线路的基础上，增加了一个复合按钮 SB3，其常开触点与启动按钮并联，常闭触点与自锁触点串联。

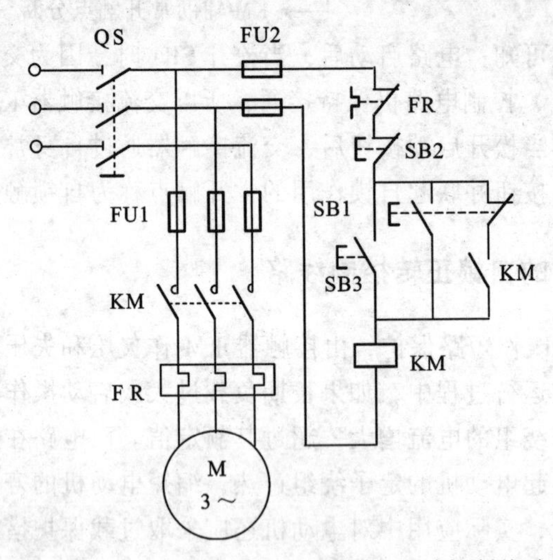

图 1-33　连续与点动混合控制的正转控制线路

2. 工作原理

（1）连续控制

合上 QS：

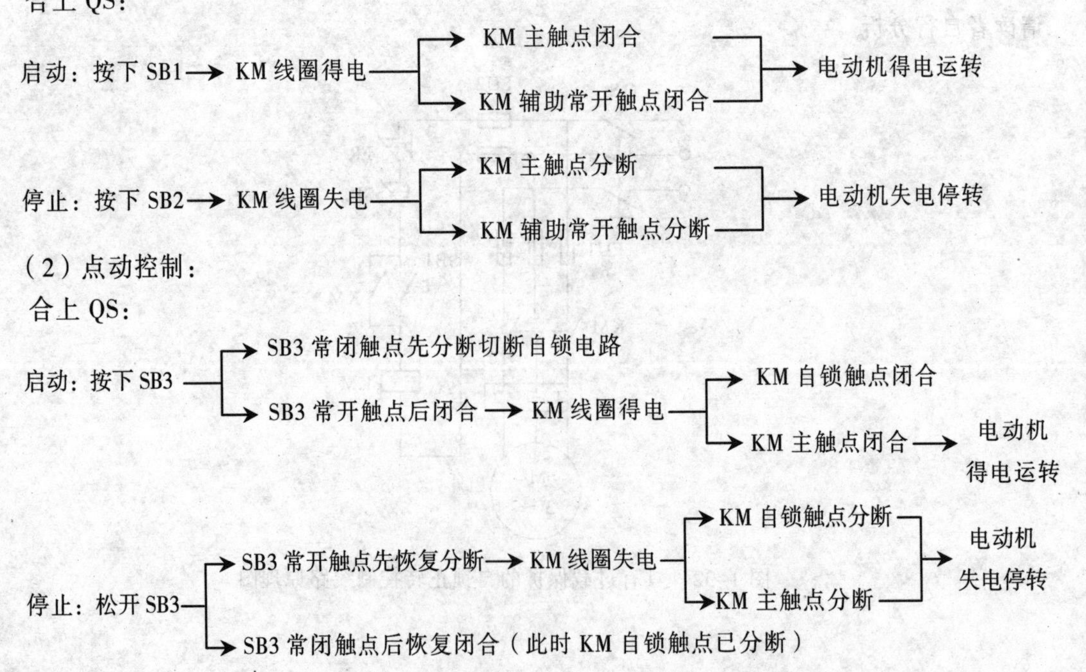

任务3　了解电动机的正反转控制

正转控制线路只能使电动机朝一个方向旋转，但在生产实践中，许多生产机械往往要求运动部件能向正反两个方向运动，从而实现可逆运行。例如，铣床的主轴要求正反旋转，工作台要求往返运动，起重机的吊钩要求上升与下降等。从电动机的工作原理可知，只要改变电动机定子绕组的电源相序，就可实现电动机的反转。在实际应用中，通常通过两个接触器来改变电源的相序，从而实现电动机的正、反转控制。

一、接触器联锁的正反转控制线路

1. 电气原理图

接触器联锁的正反转控制线路如图 1-34 所示。

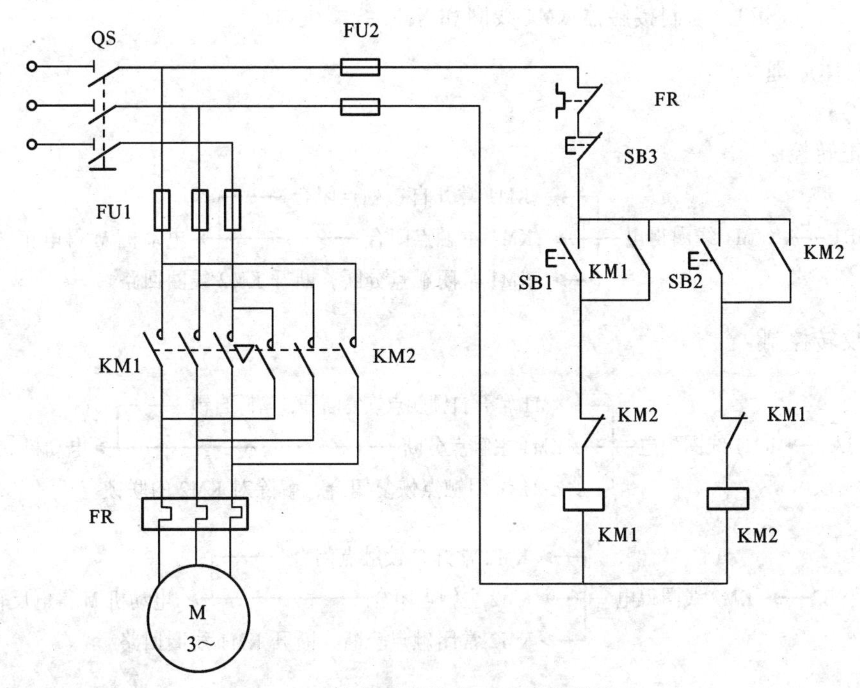

图 1-34　接触器联锁的正反转控制线路

2. 电路中的元件及其作用

- 隔离开关 QS：在电路中的作用是隔离电源，便于检修。
- 熔断器 FU1：主电路的短路保护。
- 熔断器 FU2：控制电路的短路保护。
- 交流接触器 KM1：主触点控制电动机的正转启动与停止，辅助常开触点在电路中起到失压（零压）保护和欠压保护的作用，辅助常闭触点与交流接触器 KM2 的辅助常闭触点构成联锁，使得 KM1 线圈和 KM2 线圈不能同时得电。
- 交流接触器 KM2：主触点控制电动机的反转启动与停止，辅助常开触点在电路中起到失压（零压）保护和欠压保护的作用，辅助常闭触点与交流接触器 KM1 的辅助常闭触点构成联锁，使得 KM1 线圈和 KM2 线圈不能同时得电。

注意：

接触器 KM1 和 KM2 的主触点绝不允许同时闭合，否则将造成两相电源短路。为了避免两个接触器 KM1 和 KM2 同时得电动作，就在正反转控制电路中分别串接了对方接触器的一对常闭触点，这样当一个接触器得电动作时，通过其常闭触点使另一个接触器不能得电动作，接触器间这种相互制约的作用称为接触器联锁（或互锁）。实现联锁作用的常闭触点称为联锁触点（或互锁触点），联锁符号用“▽”表示。

- 热继电器 FR：在电路中起过载保护作用。
- 正转启动按钮 SB1：控制接触器 KM1 线圈得电。
- 反转启动按钮 SB2：控制接触器 KM2 线圈得电。
- 停止按钮 SB3：控制接触器 KM1 线圈和 KM2 线圈失电。

3．工作原理

合上 QS：

（1）正转控制

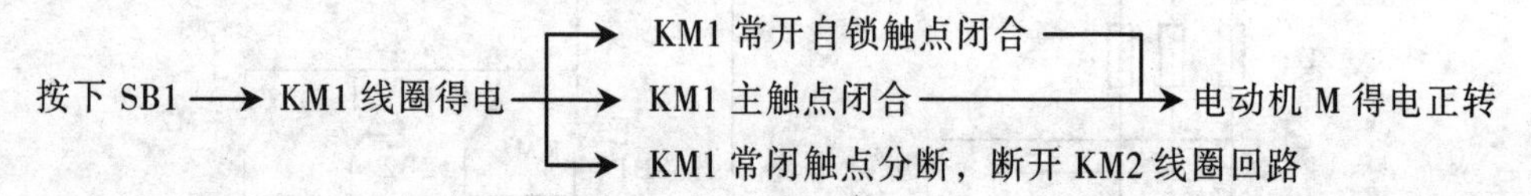

（2）反转控制

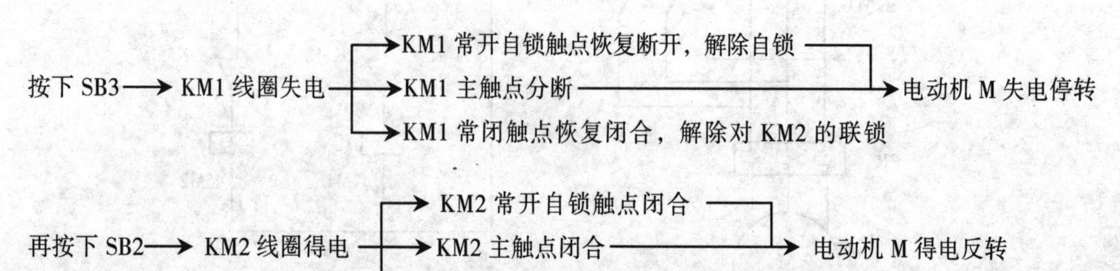

（3）停止控制

按下 SB3 ⟶ KM1 或 KM2 线圈失电 ⟶ KM1 或 KM2 主触点分断 ⟶ 电动机 M 失电停转

二、接触器、按钮双重联锁的正反转控制线路

接触器联锁正、反转控制电路的优点是工作可靠；缺点是操作不便，当电动机从正转变为反转时，必须先按下停止按钮后，才能按反转启动按钮，否则由于接触器的联锁作用，不能实现反转。为了克服这种操作不便的缺点，把正转按钮 SB1 和反转按钮 SB2 换成两个复合按钮，并使这两个复合按钮的常闭触点分别串接在对方的常开触点电路中，这就构成了接触器、按钮双重联锁的正反转控制线路，如图 1-35 所示。该电路的工作原理请读者自行分析。

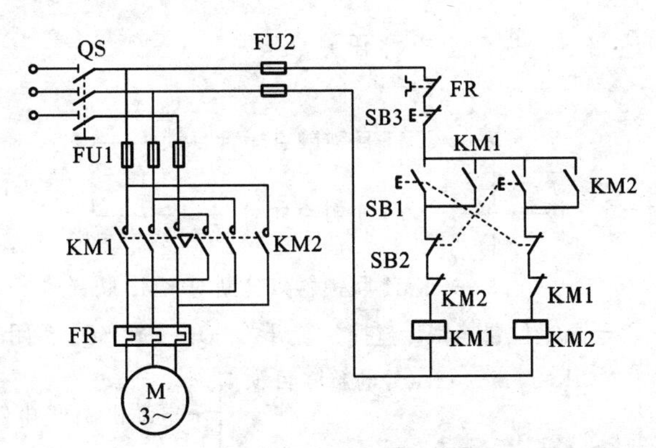

图 1-35 接触器、按钮双重联锁的正反转控制线路

任务 4 了解电动机的位置控制与自动往返控制线路

在生产过程中，常遇到一些生产机械运动部件的行程或位置要受到限制，或者需要其运动部件在一定范围内作往返循环运动等。例如，在摇臂钻床、万能铣床、镗床、桥式起重机及各种自动或半自动控制机床设备中就经常遇到这种控制要求。而实现这种控制要求所依靠的主要电器是位置开关（又称限制开关）。

一、位置控制（又称行程控制，限位控制）线路

位置开关是一种将机械信号转换为电气信号以控制运动部件位置或行程的控制电器。而位置控制就是利用生产机械运动部件上的挡铁与位置开关碰撞，使其触点动作，来接通或断开电路，达到控制生产机械运动部件的位置或行程的一种方法。

图 1-36 所示为位置控制线路。工厂车间里的行车常采用这种线路。右下角是行车运动示意图，行车的两头终点处各安装一个位置开关 SQ1 和 SQ2，将这两个位置开关的常闭触点分别串接在正转控制电路和反转控制电路中。行车前后各装有挡铁 1 和挡铁 2，行车的行程和位置可通过移动位置开关的安装位置来调节。

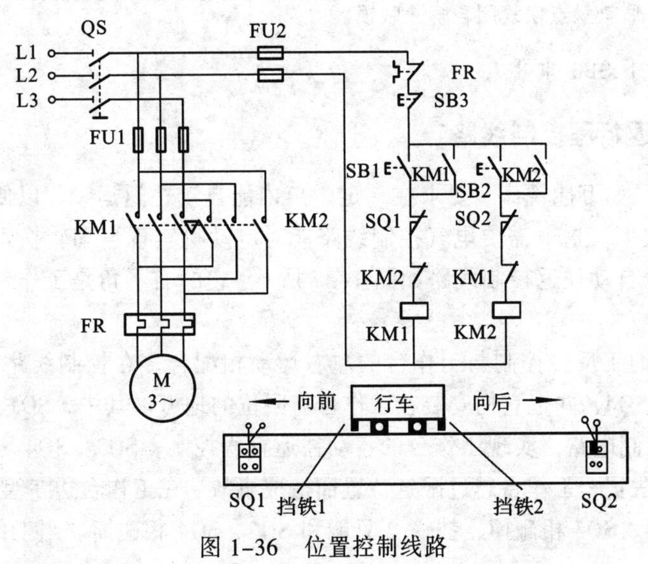

图 1-36 位置控制线路

线路的工作原理叙述如下：先合上电源开关 QS。

（1）行车向前运动

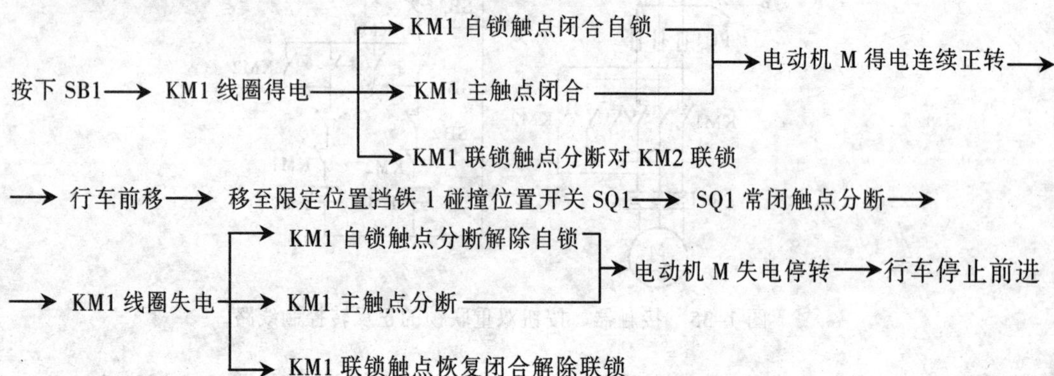

此时，即使按下 SB1，由于 SQ1 常闭触点已分断，接触器 KM1 线圈也不会得电，保证了行车不会超过 SQ1 所在的位置。

（2）行车向后运动

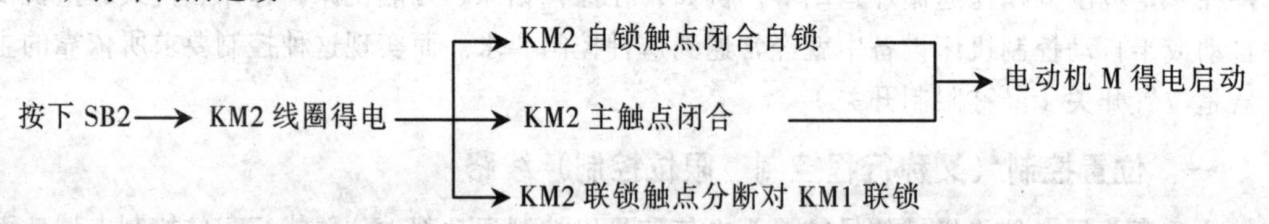

连续反转 ⟶ 行车后移 ⟶（SQ1 常开触点恢复闭合）⟶ 移至限定位置挡铁 2 碰撞位置开关 SQ2 ⟶

SQ2 常开触点分断 ⟶ KM2 线圈失电 ⟶

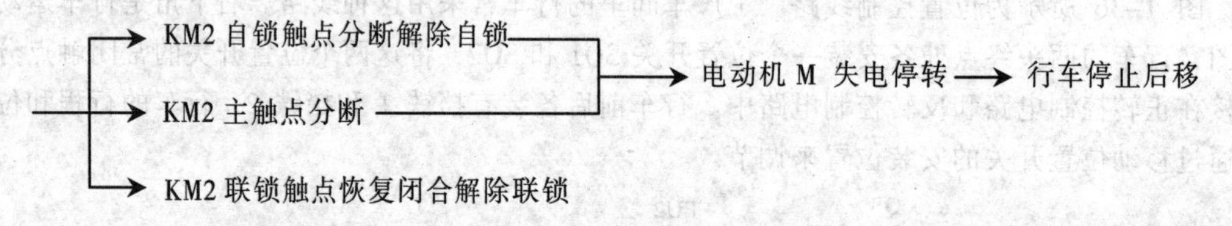

停车时只需按下 SB3 即可。

二、自动往返行程控制线路

有些生产机械，如万能铣床，要求在一定距离内能自动往返运动，以便实现对工件的连续加工，提高生产效率。这就需要电气控制线路能对电动机实现自动转换正反转控制。由位置开关控制的工作台自动往返控制线路如图 1-37 所示。它的右下角是工作台自动往返运动的示意图。

为了使电动机的正反转控制与工作台的左右运动相配合，在控制线路中设置了 4 个位置 SQ1、SQ2、SQ3、SQ4，并把它们安装在工作台需限位的地方。其中，SQ1、SQ2 被用来自动换接电动机正反转控制电路，实现工作台的自动往返行程控制；SQ3、SQ4 被用来作终端保护，以防止 SQ1、SQ2 失灵，工作台越过限定位置而造成事故。在工作台边 T 型槽中装有两块挡铁，挡铁 1 只能和 SQ1、SQ3 相碰撞，挡铁 2 只能和 SQ2、SQ4 相碰撞。当工作台运动到所限位置时，挡铁碰撞位置开关，使其触点动作，自动换接电动机正反转控制电路，通过机械传动机构使工作台自动往返运动。工作台行程可通过移动挡铁位置来调节。拉开两块挡铁间的距离行程就短，反之则长。线路的工作原理如下：

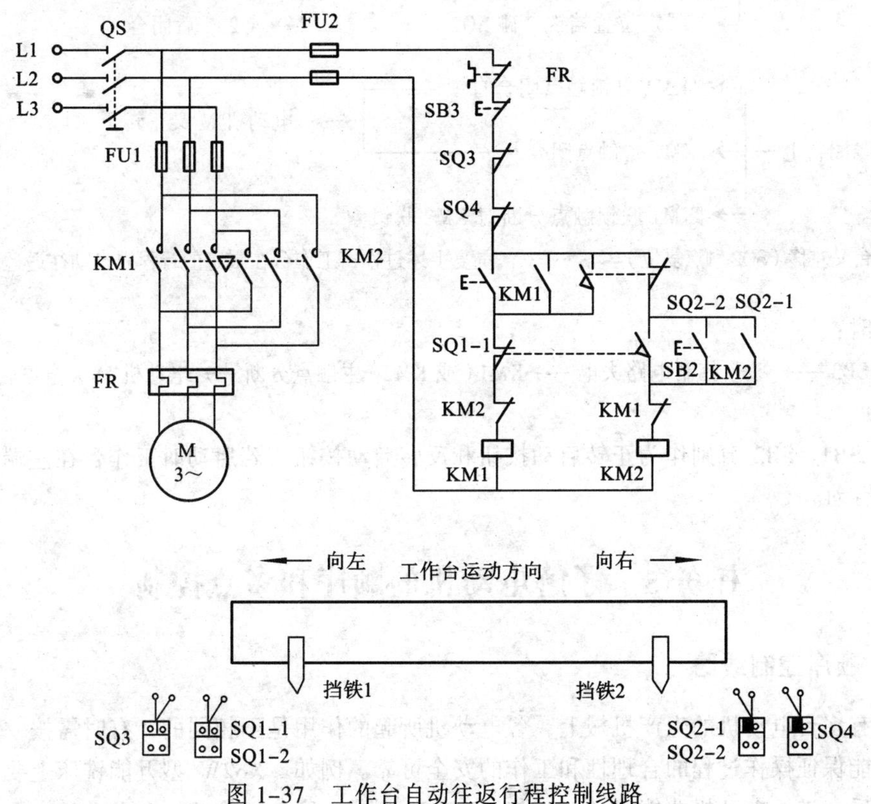

图 1-37 工作台自动往返行程控制线路

先合上电源开关 QS：

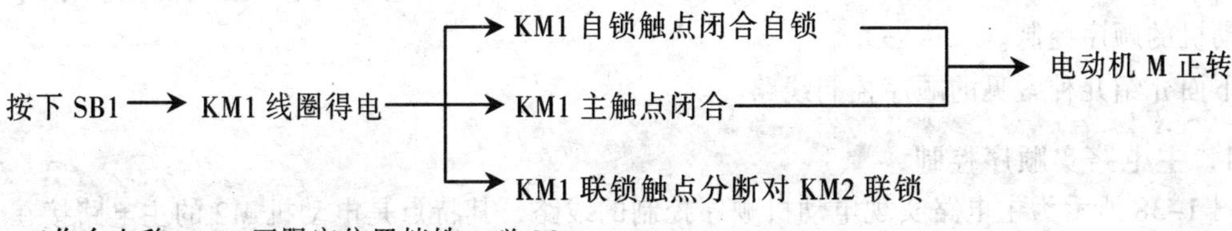

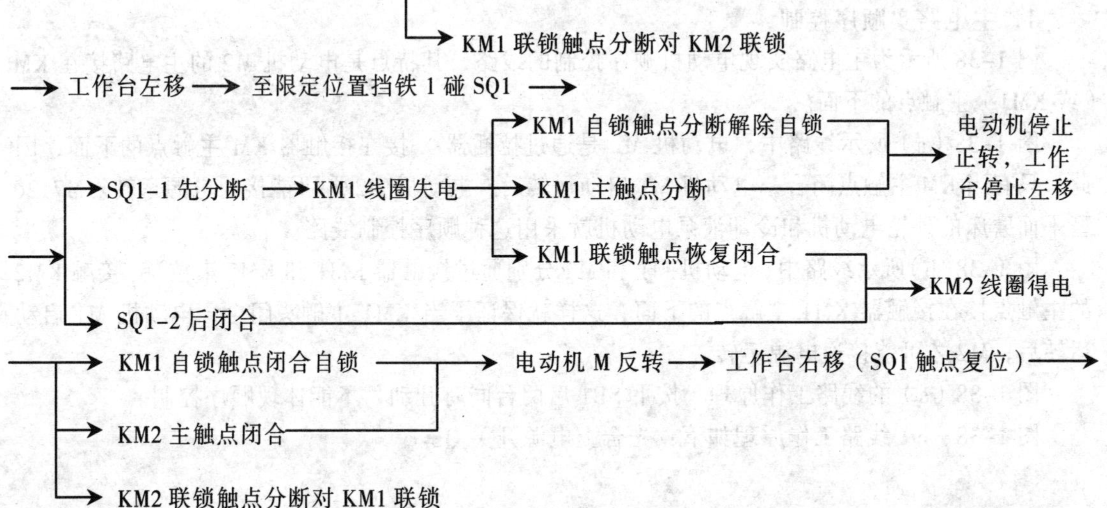

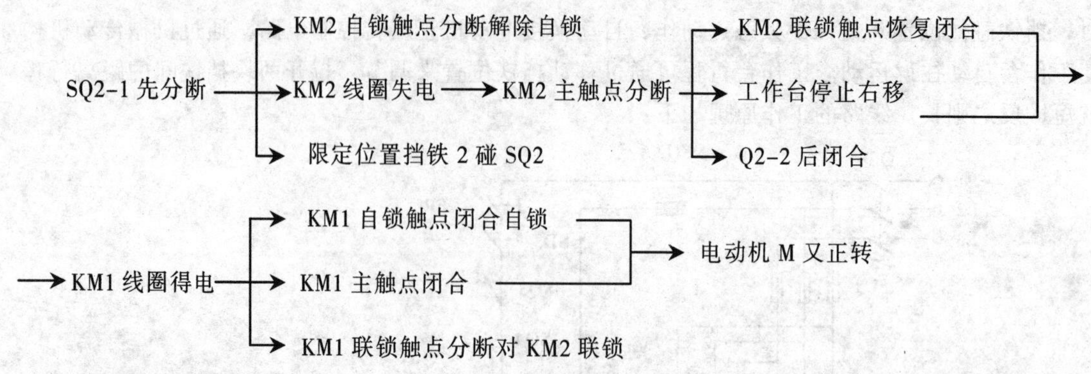

→工作台又左移（SQ2 触点复位）→……，重复上述过程，工作台在限定的行程内自动往返运动。

停止时：

按下 SB3 → 整个控制电路失电→KM1（或 KM2）主触点分断→电动机 M 失电停转→工作台停止运动。

这里 SB1、SB2 分别作为正转启动按钮和反转启动按钮，若启动时工作台在左端，应按下 SB2 进行启动。

任务 5　了解电动机的顺序和多点控制

一、顺序控制线路

在装有多台电动机的生产机械上，各电动机所起的作用是不相同的，有时需按一定的顺序启动，才能保证操作过程的合理性和工作的安全可靠。例如，X62W 型万能铣床上要求主轴电动机启动后，进给电动机才能启动；又如，M7120 型平面磨床的冷却液泵电动机，要求当砂轮电动机启动后才能启动，像这种要求一台电动机启动后另一台电动机才能启动的控制方式，称为电动机的顺序控制。

下面介绍几种常见的顺序控制线路。

1. 主电路实顺序控制

图 1-38 所示为主电路实现电动机顺序控制的线路，其特点是电动机 M2 的主电路接在 KM（或 KM1）主触点的下面。

图 1-38（a）所示线路中，电动机 M2 是通过拉插器 X 接在接触器 KM 主触点的下面，因此，只有当 KM 主触点闭合，电动机 M1 启动运转后，电动机 M2 才可能接通电源运转。M7120 型平面磨床的砂轮电动机和冷却液泵电动机就采用这种顺序控制线路。

图 1-38(b)所示线路中，电动机 M1 和 M2 分别通过接触器 KM1 和 KM2 来控制，接触 KM2 的主触点接在接触器 KM1 主触点的下面，这样就保证了当 KM1 主触头闭合，电动机 M1 启动运转后，M2 才可能接通电源运转。

图 1-38（a）的线路工作原理：按下 SB1 后两台同时开动，不能体现顺序控制。

图 1-38（b）线路工作原理如下：先合上电源开关 QS。

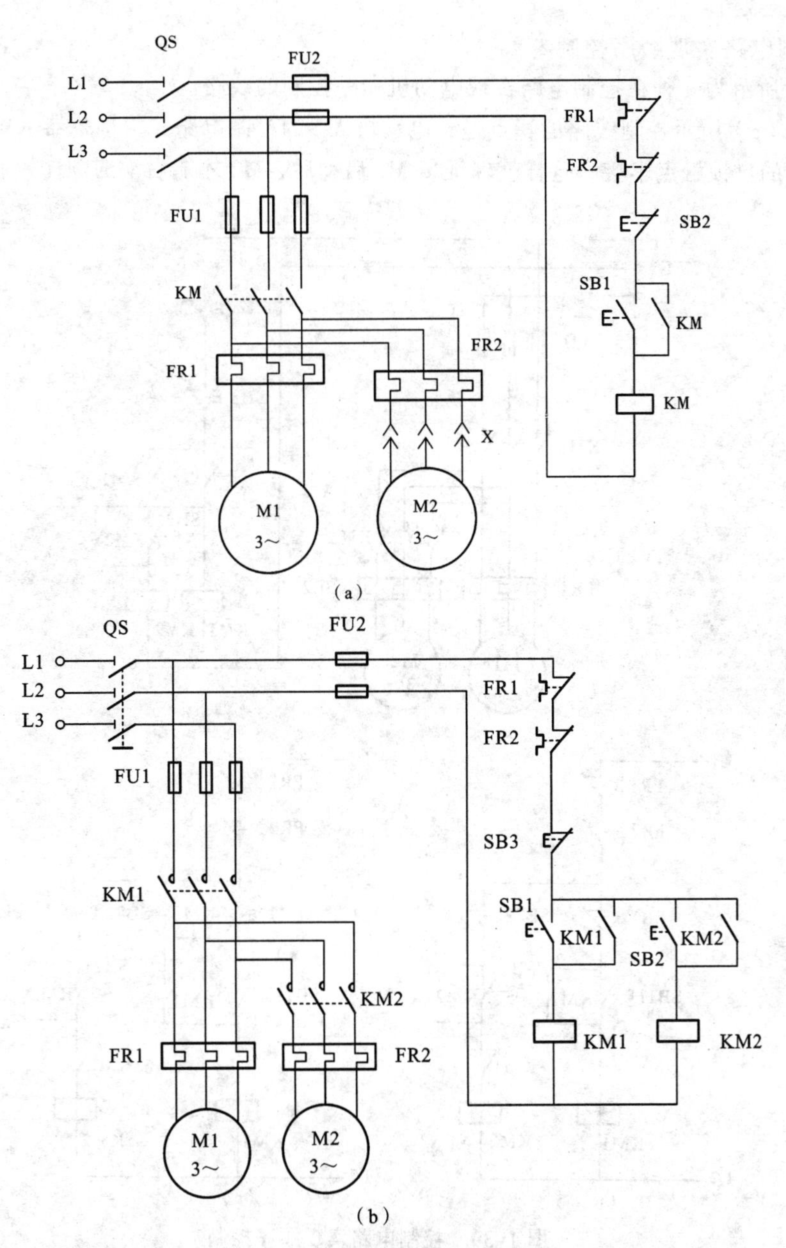

图 1-38 电动机顺序控制的线路

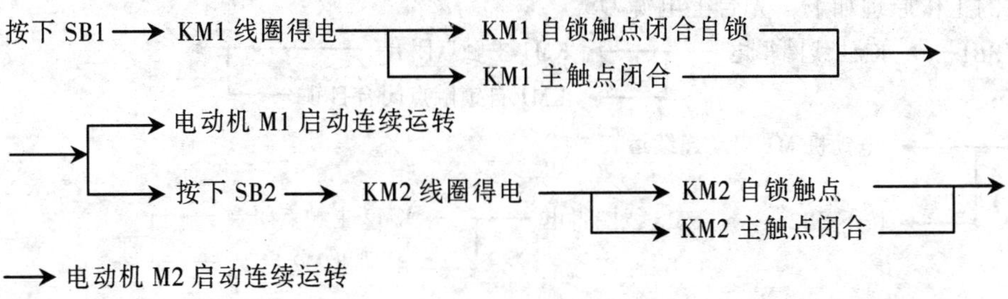

→ 电动机 M2 启动连续运转

M1、M2 停止：

按下 SB3 → 控制电路失电 → KM1、KM2 主触点分断 → M1、M2 失电停转

2．控制电路实现顺序控制

图 1-39 所示为几种在控制电路实现电动机顺序控制的线路。

图 1-39（a）所示控制线路的特点是：电动机 M2 的控制电路先与接触器 KM1 的线圈并接后再与 KM1 的自锁触点串接，这样就保证了 M1 启动后，M2 才能启动的顺序控制要求。

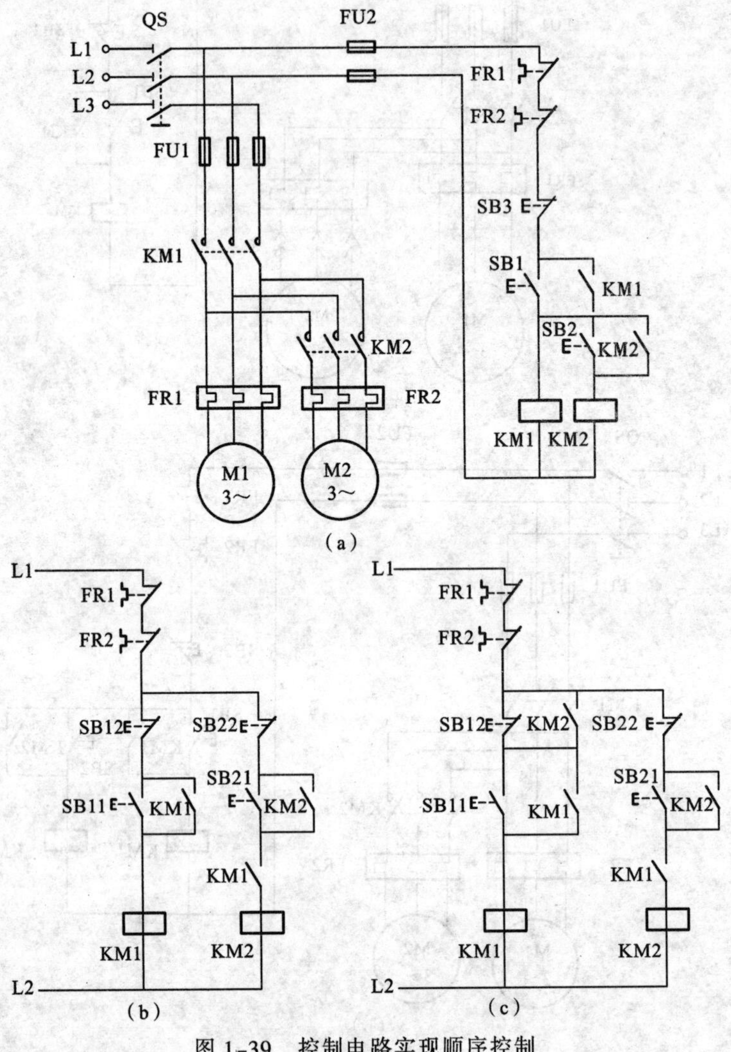

图 1-39 控制电路实现顺序控制

线路的工作原理如下：先合上电源 QS。

按下 SB1 → KM1 线圈得电 → KM1 主触点闭合；KM1 自锁触点闭合自锁 →

→ 电动机 M1 启动连续运转

→ 按下 SB2 → KM2 线圈得电 → KM2 主触点闭合；电动机 M2 启动 →

→ KM2 自锁触点闭合自锁 → 连续运转

M1、M2 同时停转：

按下 SB3 ⟶ 控制电路失电 ⟶ KM1、KM2 主触点分断 ⟶ 电动机 M1、M2 同时停转

图 1-39（b）所示控制线路的特点是：在电动机 M2 的控制电路中串接了接触 KM1 的常开辅助触点。显然，只要 M1 不启动，即使按下 SB21，由于 KM1 的常开辅助触点未闭合，KM2 线圈也不能得电，从而保证了 M1 启动后，M2 才能启动的控制要求，线路中停止按钮 SB12 控制两台电动机同时停止，SB22 控制 M2 的单独停止。

图 1-39（c）所示控制线路是在图 1-39（b）线路中，在 SB12 的两端并接了接触器 KM2 的常开辅助触点，从而实现了 M1 启动后，M2 才能启动，而 M2 停止后，M1 才能停止的控制要求，即 M1、M2 是顺序启动，逆序停止。

例题：图 1-40 所示为 3 条皮传送运输机的示意图。对于这 3 条运输机的电气要求如下：

① 启动顺序为 1 号、2 号、3 号，即顺序启动，以防止货物在传送带上堆积。

② 停车顺序为 3 号、2 号、1 号，即逆序停止，以保证停车后传送上不残存货物。

图 1-40 3 条传送带运输机工作示意图

③ 当 1 号或 2 号出故障停车时，3 号能随即停车，以免继续进料。

试画出 3 条皮带运输机的电气控制线路图，并叙述工作原理。

解：图 1-41 所示控制线路可满足 3 条传送带运输机的电气控制要求。其工作原理叙述如下：

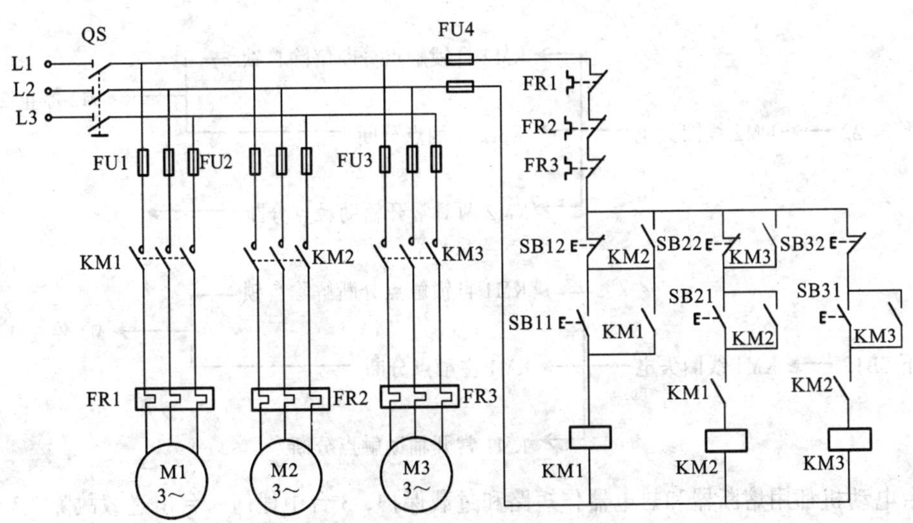

图 1-41 3 条传送带运输机顺序启动、逆序停止控制线路

先合上电源 QS：

① M1（1 号）、M2（2 号）、M3（3 号）依次顺序启动。

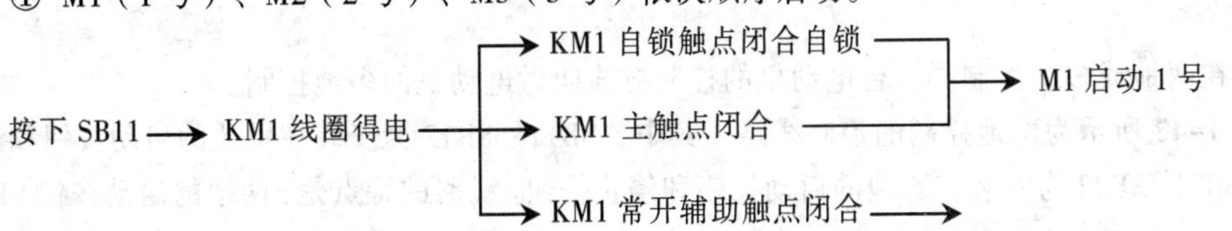

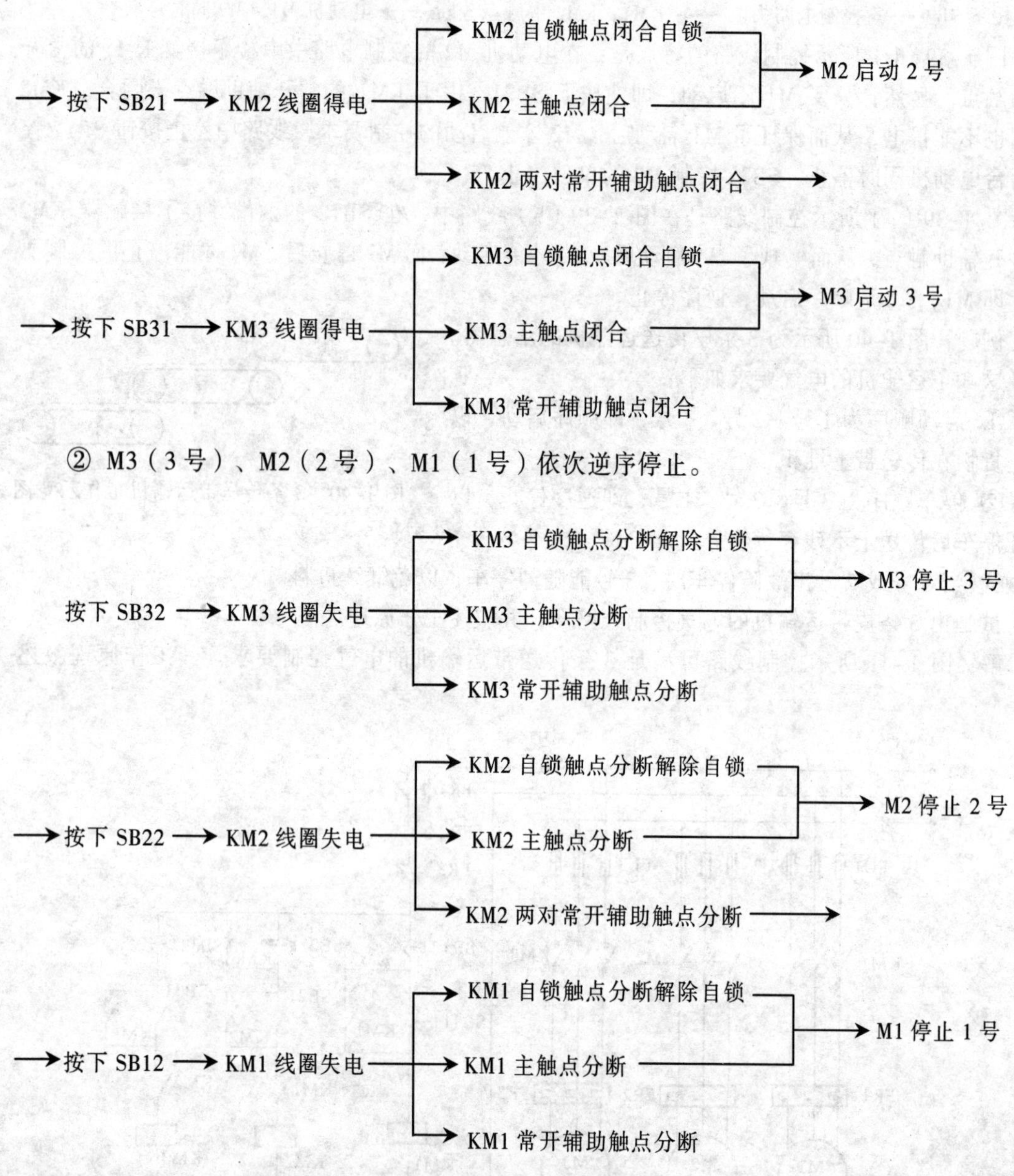

3 台电动机都用熔断器和热电器作短路和过载保护，3 台中任何一台出过载故障，3 台电动机都会停止。

二、多地控制线路

能在两地或多地控制同一台电动机的控制方式叫做电动机的多地控制。

图 1-42 所示为两地控制的控制线路。其中，SB11、SB12 为安装在甲地的启动按钮和停止按钮；SB21、SB22 为安装在乙地的启动按钮和停止按钮。线路的特点是，两地的启动按钮 SB11、

SB21 要并联接在一起；停止按钮 SB12、SB22 要串联在一起。这样就可以分别在甲、乙两地起、停同一台电动机，达到操作方便的目的。

对三地或多地控制，只要把各地的启动按钮并接，停止按钮串接就可以实现。

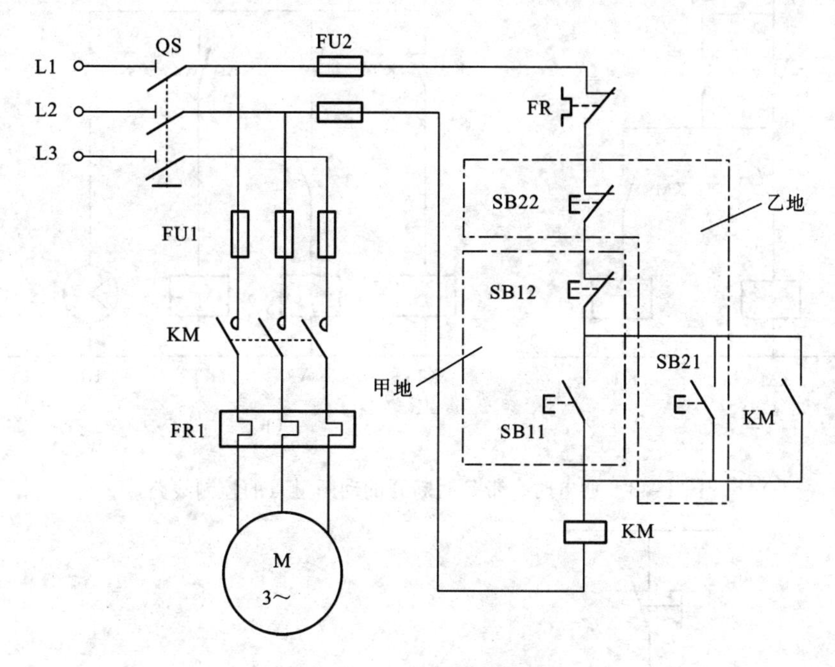

图 1-42　两地控制线路

任务 6　了解电动机的时间控制

电动机的运转还可以按照需要时间的长短进行控制。图 1-41 为通电延时型时间继电器控制线路，其中图 1-43（a）的工作原理为控制电动机启动运行一段时间后自动停止，运转时间的长短由时间继电器 KT 调节控制。动作过程为：

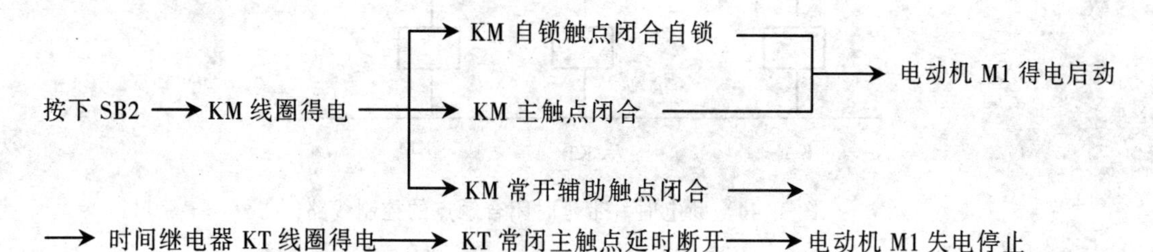

图 1-43（b）为控制线路采用 2 个时间继电器进行控制。

若采用断电延时型时间继电器，也可以设计电动机运行是在时间继电器断电后，维持一段延迟时间后再失电停车。图 1-44 即为断电延时型时间继电器控制线路。

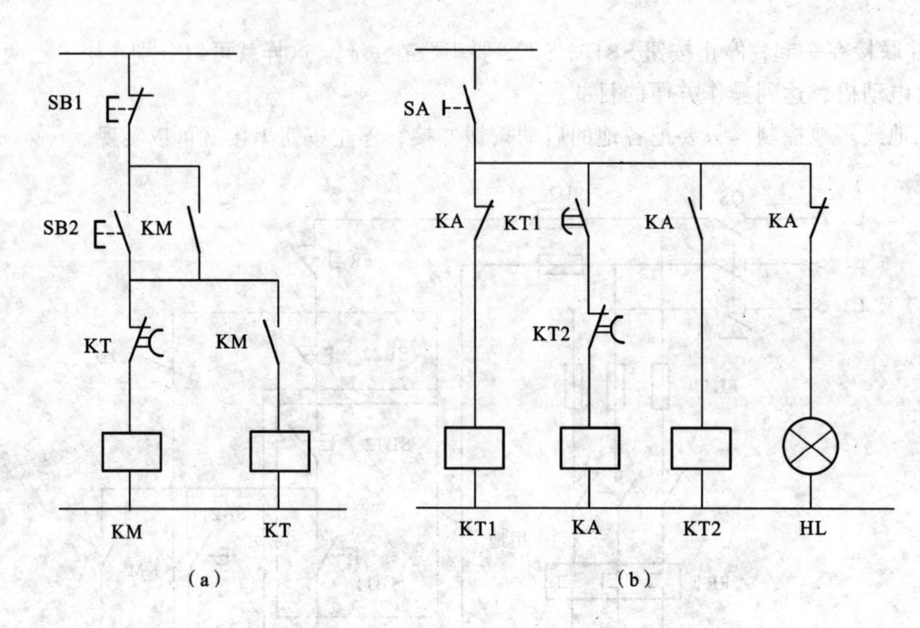

图 1-43　通电时，带延时断开的动断触点的控制线路

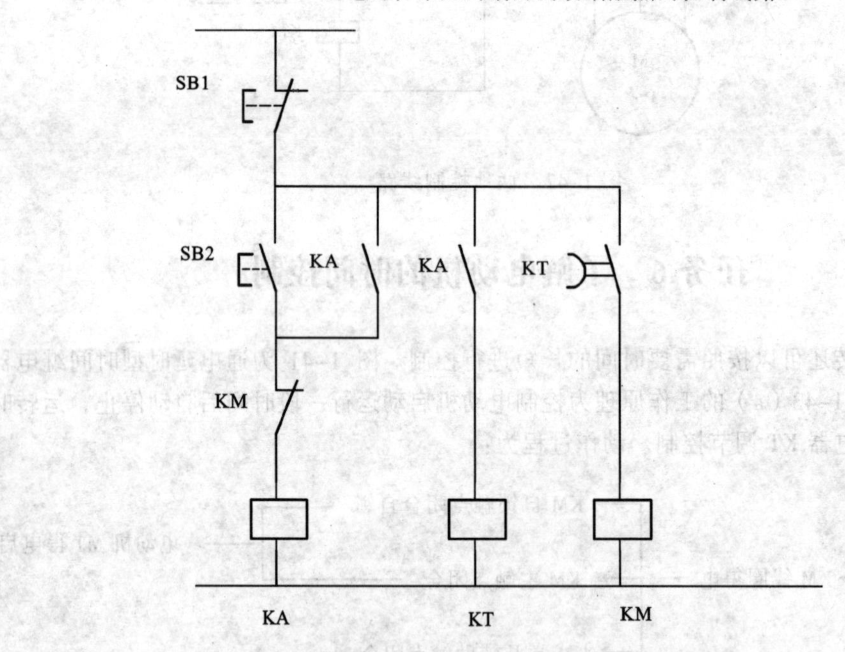

图 1-44　断电时，带延时闭合触点的控制线路

图 1-44 断电延时型时间继电器控制线路的动作过程如下：

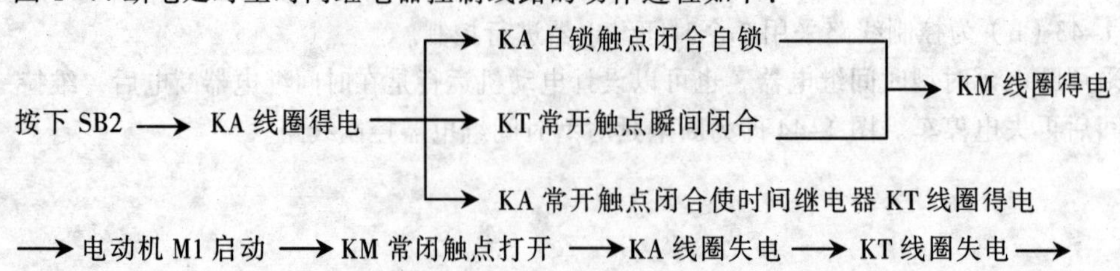

思考题

1. 什么是低压电器？它是根据什么样的电压等级确定的？

2. 开启式负荷开关在电路中的作用是什么？画出其图形符号和文字符号。

3. 自动空气断路器在电路中的作用是什么？画出其图形符号和文字符号。

4. 熔断器在电路中的作用是什么？画出其图形符号和文字符号。如何选择熔断器的额定电流？

5. 交流接触器的主要组成部分有哪些？画出其图形符号和文字符号。当其接通和断开电源时，其触点系统是如何工作的？

6. 时间继电器在电路中的作用是什么？画出其图形符号和文字符号。如何把空气阻尼式通电型时间继电器改为断电型时间继电器？

7. 热继电器在电路中的作用是什么？画出其图形符号和文字符号。其热元件和触点在电路中应如何连接？

8. 画出按钮的图形符号和文字符号。说明复合按扭按下和断开时，其触点的变化情况。

9. 行程开关在电路中的作用是什么？画出其图形符号和文字符号。

10. 电动机的控制线路中采用自锁和互锁的作用是什么？

项目 2

三相交流异步电动机控制线路

项目描述

三相笼形异步电动机是工厂电气控制设备中使用最多的电动机，学习三相笼形异步电动机启动控制线路、制动控制线路和调速控制线路，另外关注当前兴起的三相异步电动机的变频控制线路，能够对电气控制设备进行较好的了解。

知识目标

- 学习三相异步电动机控制线路；掌握接线方法，会根据工作场所合理选用。
- 了解三相异步电动机启动控制、制动控制和调速控制线路原理。

能力目标

- 学会分析三相异步电动机控制线路的工作原理。
- 能动手安装和接线三相异步电动机控制线路。

任务 1　实现三相笼形异步电动机启动控制

三相笼形异步电动机的直接全压（额定电压）启动是一种简便、经济的启动方法。但直接启动时的启动电流较大，一般为额定电流的 4～7 倍。在小于 7.5 kW 以下的容量可采取直接启动，若大于 7.5 kW 的电动机还需要直接启动，但要看所处电源变压器视在功率的大小，须满足以下的经验公式：

$$K_{\mathrm{I}}=\frac{I_{\mathrm{st}}}{I_{\mathrm{N}}}\leqslant\frac{1}{4}\left[3+\frac{S_{\mathrm{N}}}{P_{\mathrm{N}}}\right]$$

式中：

I_{st}——电动机全压启动电流，单位为 A；

I_N——电动机额定电流，单位为 A；

S_N——电源变压器容量，单位为 kV · A；

P_N——电动机容量，单位为 kW。

在电源变压器容量不够大，而电动机功率较大的情况下，直接启动将导致电源变压器输出电压下降，不仅会减少电动机本身的启动转矩，而且会影响同一供电线路中其他电气设备的正常工作。因此，凡不满足上述直接启动条件的，较大容量的电动机启动时，需要采用降压启动的方法（降压启动是指利用启动设备将加到电动机定子绕组上的电压适当降低，待电动机启动后，再使电动机电压恢复到额定电压正常运转）。

一、笼形异电动机的降压启动控制线路

1. Y–△降压启动控制线路

电动机启动时接成 Y 形，加在每相定子绕组上的启动电压只有△形接法的 $1/\sqrt{3}$，启动电流为△形接法的 1/3，启动转矩也只有△形接法的 1/3。所以，这种降压启动的方法只适用于轻载或空载下启动。凡是在正常运行时定子绕组作△形连接的异步电动机，均可采用这种降压启动的方法。

图 2-1 为采用时间继电器自动控制 Y－△降压启动控制电路。该线路由 3 个接触器、一个热继电器、一个时间继电器和两个按钮组成。接触器 KM 作引入电源用，继电器 KMY 和 KM△分别作 Y 形降压启动和△形运行用，时间继电器 KT 用作控制 Y 形降压启动时间和完成 Y－△自动切换，SB1 是停止按钮，SB2 是启动按钮，FU1 作主电路的短路保护，FU2 作控制电路的短路保护，FR 作过载保护。

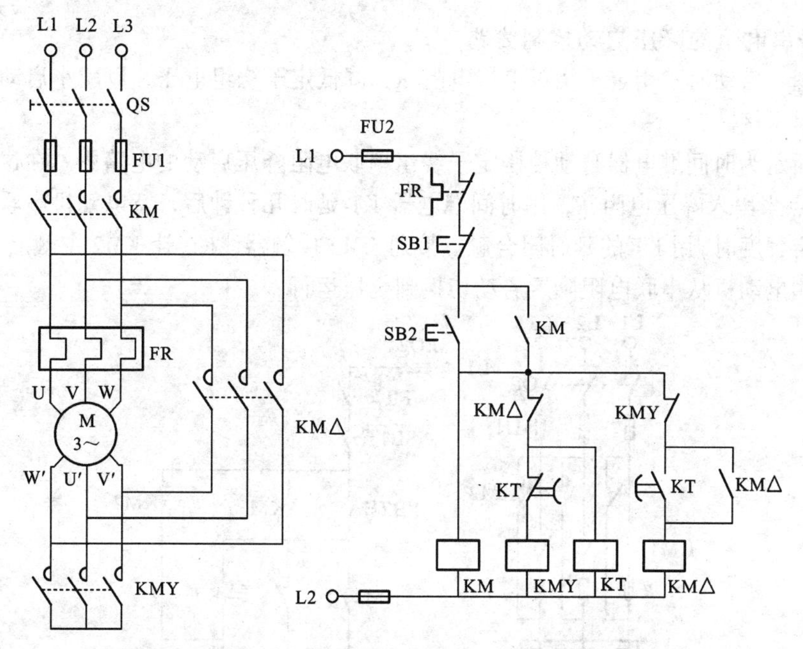

图 2-1　时间继电器自动控制 Y－△降压启动控制电路

线路的工作原理如下：

降压启动，先合上手动电源转换开关 QS。

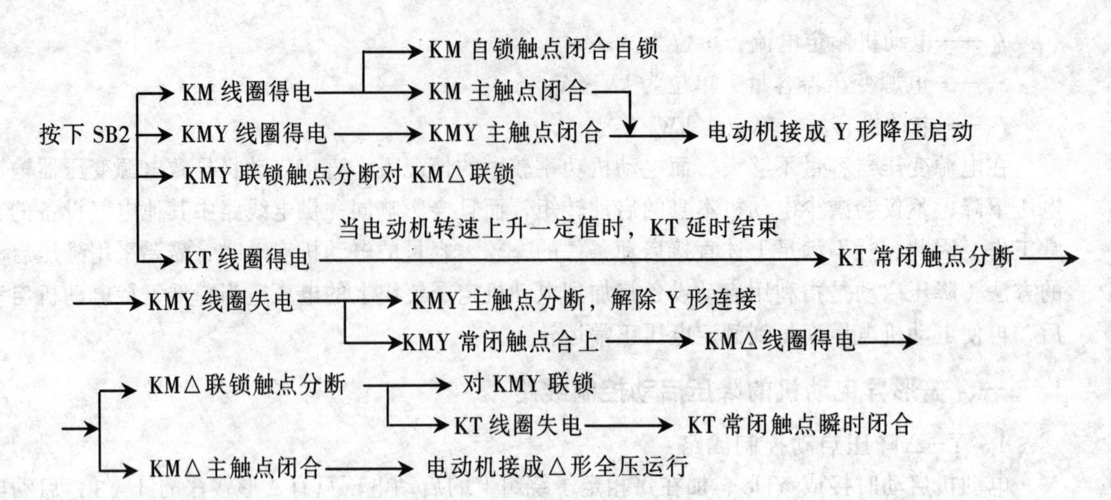

KMY 和 KM△的主触点不能同时闭合，否则主电路会发生短路。故电路中用 KMY 和 KM△常闭触点进行电气互锁。

停止时，按下 SB1 按钮即可。

适用场合：电动机正常工作时定子绕组必须接成△，轻载启动。

（提示：Y 系列笼形异步电动机功率为 4 kW 以上者均为△形接法。）

注意：

启动的时间取决于电动机带负载的大小。

2．定子串电阻的降压启动控制线路

启动原理：启动时三相定子绕组串接电阻 R，降低定子绕组电压，以减小启动电流。启动结束应将电阻短接。

图 2-2 所示为时间继电器自动控制定子绕组串联电阻降压启动的电路图。在这个线路中用 KM1 的主触点来串入降压电阻 R，用时间继电器 KT 延时几秒钟后，待电动机串联电阻启动的转速上升一定程度时，用 KT 的延时闭合触点接通 KM2 接触器线圈，让 KM2 主触点切除电阻 R，从而自动控制电动机从串联电阻降压启动切换到全压运行。

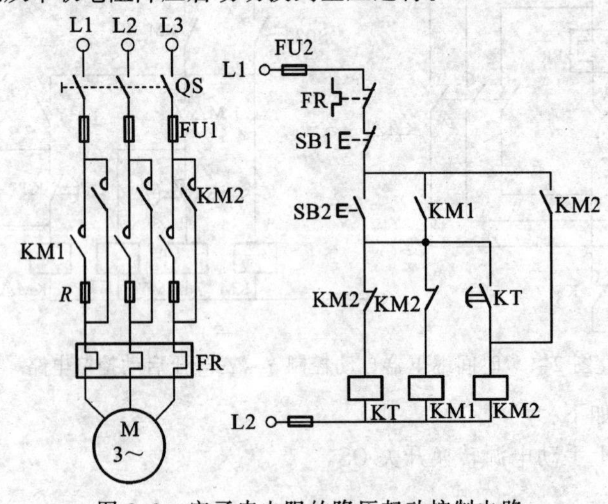

图 2-2　定子串电阻的降压起动控制电路

线路的工作原理如下：

降压启动，先合上手动电源转换开关 QS。

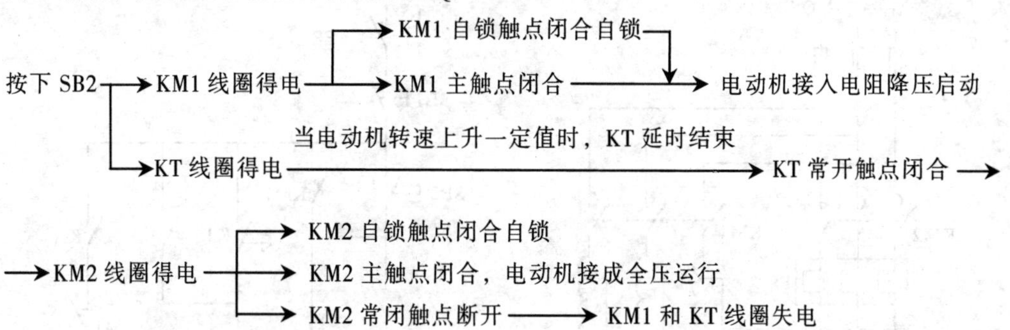

停止时，按下 SB1 按钮即可。

由以上分析可知，只要调整好时间继电器 KT 触点的动作时间，电动机由降压启动过程切换成全压运行过程就能准确可靠地自动完成。

启动电阻 R 一般采用 ZX1、ZX2 系列铸铁电阻。铸铁电阻能够通过较大电流，功率大。启动电阻 R 的阻值可按下列公式计算：

$$R = 190 \times \frac{I_{st} - I'_{st}}{I_{st} I'_{st}}$$

式中：

I_{st}——未串电阻前的启动电流，A,[一般 I_{st} =（4～7）I_N];

I'_{st}——串电阻后前的启动电流，A,[一般 I'_{st} =（2～3）I_N];

I_N——电动机的额定电流，A;

R——电动机每相串联的启动电阻值，Ω。

电阻的功率可用公式 $P = I_N^2 R$ 计算。由于启动电阻 R 仅在启动过程中接入，而且启动时间很短，所以实际选用的电阻功率可比计算值减小 3～4 倍。

串电阻降压启动的缺点是减小了电动机的启动转矩，同时启动时在电阻上功率消耗也较大。如果启动频繁，则电阻的温度很高，对于精密机床会产生一定的影响，因此，目前这种启动的方法，在生产实际中的应用正在逐步减少。

3．自耦变压器降压启动控制电路

利用自耦变压器降压启动方法常用来启动较大的三相交流笼形电动机。尽管这是一种比较传统的启动方法，但由于它是利用自耦变压器的多抽头减压，既能适应不同负载启动的需要，又能得到比前面的降压启动方法更大的启动转矩，所以，这种降压启动的方法应用较多。

启动的原理是：启动时，定子绕组上为自耦变压器二次侧电压；正常运行时切除自耦变压器。自耦变压器备有 65%和 85%两挡抽头，出厂时接在 65%抽头上，可根据电动机的带负载情况选择不同的启动电压。

图 2-3 为用时间继电器自动控制自耦变压器降压启动的电路。

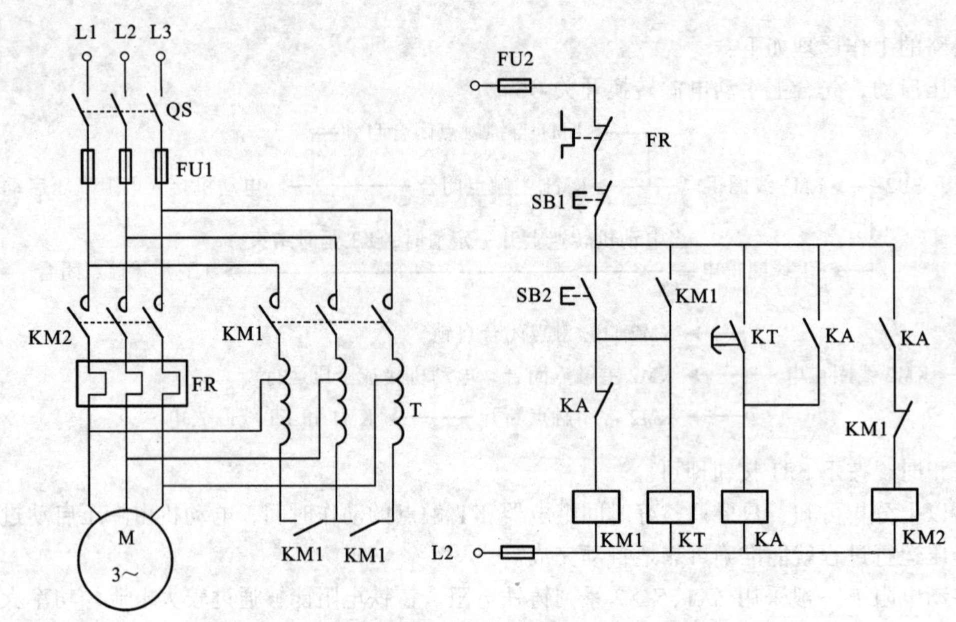

图 2-3　用时间继电器自动控制自耦变压器降压启动电路图

线路的工作原理如下：

降压启动时，先合上手动电源转换开关 QS。

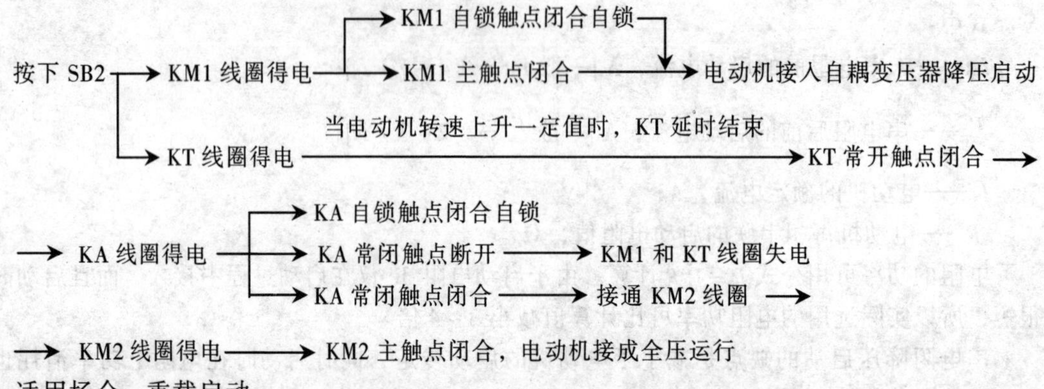

适用场合：重载启动。

特点：启动转矩大（60%、80%抽头），损耗低，但设备庞大，成本高。

启动过程中会出现 2 次涌流冲击，适用于不频繁启动、容量在 30 kW 以下的设备中。

三相笼形异步电动机的各种启动方法的比较如表 2-1 所示。

表 2-1　三相笼形异步电动机启动方法比较

启动方法	适用范围	特　　点
直接	电动机容量小于 10 kW	不需启动设备，但启动电流大
定子串电阻	电动机容量大于 10 kW，启动次数不太多的场合	线路简单、价格低、电阻消耗功率大，启动转矩小
Y-△启动	额定电压为 380 V，正常工作时为△接法的电动机，轻载或空载启动	启动电流和启动转矩为正常工作时的 1/3
串自耦变压器	电动机容量较大，要求限制对电网的冲击电流	启动转矩大，设备投入较高

二、三相笼形异步电动机的软启动方法

异步电动机启动器控制电路简单，但是启动转矩基本固定且不可调，启动过程切换又带来二次冲击电流和冲击转矩，并且受电网电压波动的影响较大。如果电网电压下降大，甚至会造成电动机停转和启动困难。为了克服这些缺点，需采用软启动器控制异步电动机的启动。下面介绍软启动器的控制原理、计算及与使用有关的问题。

软启动器是一种集电动机软启动、软停车、轻载节能和多种保护功能于一体的新颖电动机控制装置，国外称为 Soft Starter。软启动器采用三相反并联晶闸管作为调压器，将其接入电源和电动机定子之间。这种电路如三相全控桥式整流电路。使用软启动器启动电动机时，晶闸管的输出电压逐渐增加，电动机逐渐加速，直到晶闸管全导通，电动机工作在额定电压的机械特性上，实现平滑启动，降低启动电流，避免启动过流跳闸。待电动机达到额定转数时，启动过程结束，软启动器自动用旁路接触器取代已完成任务的晶闸管，为电动机正常运转提供额定电压，以降低晶闸管的热损耗，延长软启动器的使用寿命，提高其工作效率，又使电网避免了谐波污染。软启动器同时还提供软停车功能，软停车与软启动过程相反，电压逐渐降低，转数逐渐下降到零，避免自由停车引起的转矩冲击。

软启动与传统减压启动方式的不同之处如下：

① 无冲击电流。软启动器在启动电动机时，通过逐渐增大晶闸管导通角，使电动机启动电流从零线性上升至设置值；对电动机无冲击，提高了供电可靠性；平稳启动，减少对负载机械的冲击转矩，延长机器使用寿命。

② 有软停车功能，即平滑减速，逐渐停机，它可以克服瞬间断电停机的弊病，减轻对重载机械的冲击，避免高程供水系统的水锤效应，减少设备损坏。

③ 启动参数可调，根据负载情况及电网继电保护特性选择，可自由地无级调整至最佳的启动电流。

软启动器的基本组成原理如图 2-4 所示。主电路采用三相晶闸管反向并联调压方式，它串联在三相供电电源 L1、L2、L3 和电动机 3 个接线端子 U、V、W 之间。通过改变晶闸管的移相角来改变加在电动机定子绕组上的电压。

为了能让定子电压和电流按所设置的规律变化，并且能对过压及过流等故障进行保护，必须要随时检测定子电压和电流，为此采用了电压互感器和电流互感器。电压互感器将电网电压变换为标准电压（通常为 5 V）信号，送至电压保护电路。

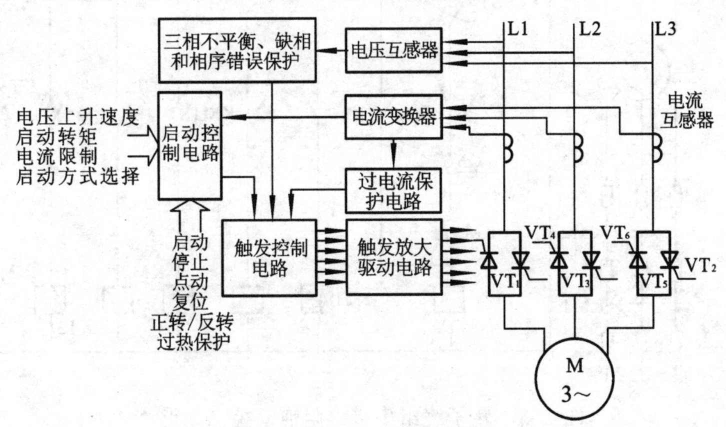

图 2-4　软启动器的基本原理

任务 2 实现绕线式异步电动机的启动控制

三相绕线式异步电动机转子绕组可通过滑环串接启动电阻。其优点是改善电动机机械特性，减小启动电流，提高转子电路的功率因数和启动转矩。在一般要求启动转矩较高（负重启动），并且能调速的场合，绕线式电动机的应用非常广泛。按照绕线式电动机转子绕组在启动过程中串接装置的不同，分为串电阻启动与串频敏变阻器启动两大类。

一、转子绕组串接电阻启动控制线路

串接在三相转子绕组中的启动电阻，一般都将接线接成 Y 形。在启动前分级切换的三相启动电阻全部接入电路，以减小启动电流，获得较大的启动转矩。随着电动机转速的升高，启动电阻被逐级切除。启动完毕后，所有启动电阻直接短接，电动机于是运行在额定状态之下。

串接在三相转子绕组中的启动电阻分为三相平衡（对称）接法和三相不平衡（不对称）接法。

无论串接在三相转子绕组中的启动电阻采用以上哪一种接法，其作用基本上相同，只是在应用的角度上三相平衡接法采用接触器切除电阻；三相不平衡接法直接采用凸轮控制器来切除电阻。

这种控制线路主要可以分按钮操作控制线路、时间继电器自动控制线路和电流继电器自动控制线路。本节主要以时间继电器自动控制线路进行分析。（按钮操作控制线路的缺点是操作不便，工作不安全可靠，实际应用以 3 个时间继电器配合 3 个继电器的相互配合来依次自动切除转子绕组中的三级电阻。

电路原理图如图 2-5 所示。

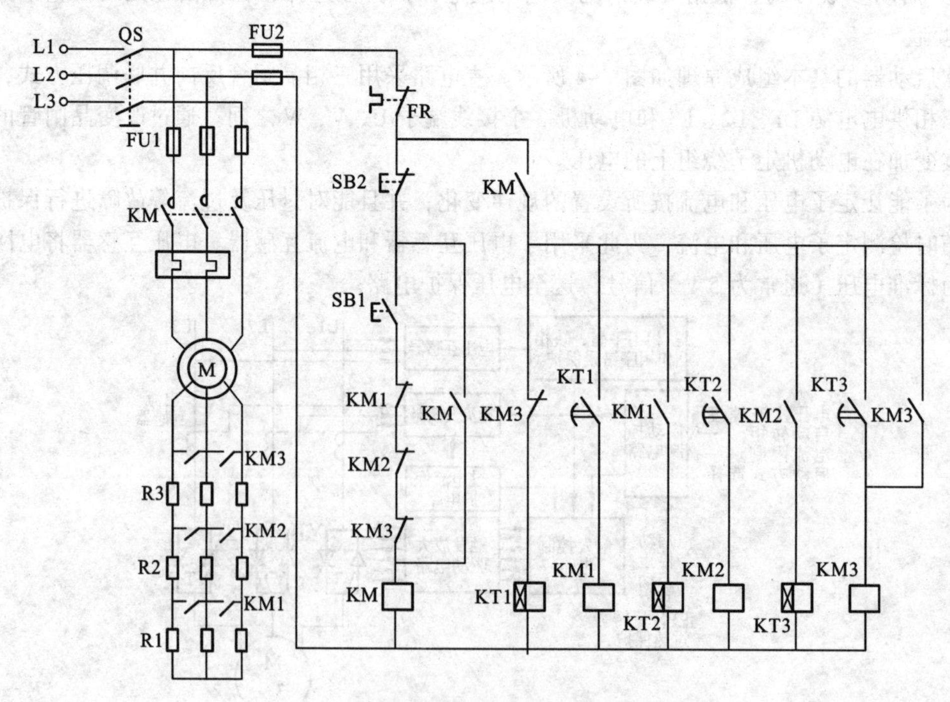

图 2-5 转子绕组串接电阻启动控制线路

线路的工作原理如下：

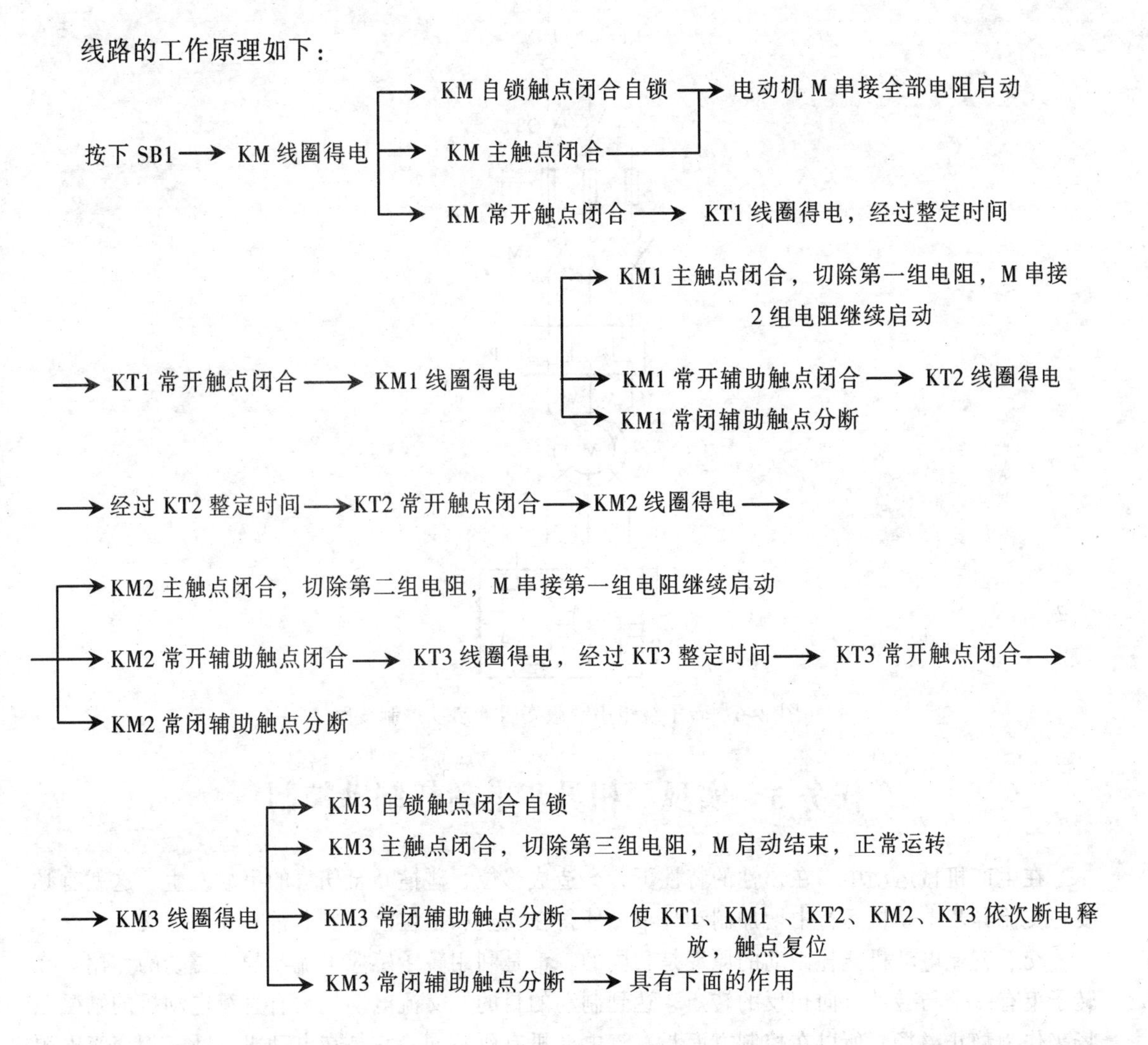

在该电路中，保证电动机在转子绕组中接入全部外加电阻的条件才能启动。如果接触 KM1、 KM2 和 KM3 中任何一个触点因机械或熔焊而没释放，启动电阻没有全部接入转子绕组中，就会使启动电流超过规定值。把 3 个接触器的常闭触点与 SB1 串接在一起，就可避免这种现象发生。

二、转子绕组串频敏变阻器启动控制线路

频敏变阻器是绕在普通铁心的 3 个绕组（见图 2-6），绕组作星形连接（末端短接，3 个始端连接绕线式异步电动机的转子绕组）。频敏变阻器实际上是对频率正比变化的感性电抗器，感抗 $X_L=2\pi fL$。由于三相异步电动机在刚启动时，转子绕组感应电动势的频率很高，频敏变阻器的阻抗值较高，相当于在转子回路串入很大的阻抗，能够降低启动电流和提高启动转矩；而启动结束时，转子感应电动势的频率很低，一般只有 2～3 Hz（几乎相当直流），频敏变阻器的阻抗就降低得很小了，相当于电动机可以不串阻抗正常工作了。

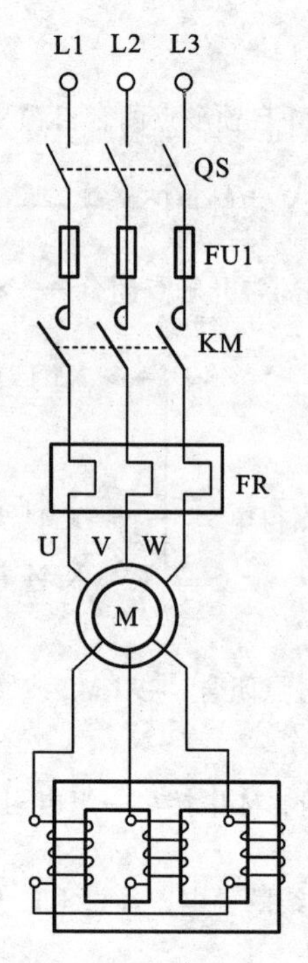

图 2-6 转子绕组串频敏变阻器启动控制线路

任务 3 实现三相异步电动机制动控制

在生产机械运动中，在惯性的特性下，会造成移位、碰撞乃至伤害的事故发生。这就有必要在交流异步电动机运行中增加制动环节，使得在安全和定位上起到非常重要的意义。

交、直流电动机能耗制动的原理是相同的，都是利用转子感应电流与静止磁场的作用。在转子上有一个与转动方向相反的转矩，达到制动的目的。交流电动机没有直流电动机的励磁磁场来作为静止磁场，所以在控制方面与直流电动机有所不同。它是在电动机切断三相交流电源后，给定子绕组通入直流电流，以建立静止磁场。另外，当转速下降接近零时，依靠时间继电器的延时作用，将直流电切除。

本节主要对交流异步电动机的制动控制进行阐述，制动措施可分为电气制动和电磁机械制动两大类。

一、机械制动

电磁机械制动是用电磁铁来操纵机械产生制动力矩，如电磁抱闸、电磁离合器。电磁机械制动都是迫使电动机在极短时间内停止转动。

常用的机械制动方法有：电磁抱闸制动器制动和电磁离合器制动。

1. 电磁抱闸制动器制动

电磁抱闸制动部分可分为断电制动型和通电制动型两种。断电制动型的工作原理：当制动电磁铁的线圈得电时，制动器的闸瓦与闸轮分开，无制动作用；当线圈失点时，闸瓦紧紧抱住闸轮制动。通电制动型的工作原理：当线圈得电时，闸瓦紧紧抱住闸轮制动；当线圈失电时，闸瓦与闸轮分开，无制动作用。

（1）电磁抱闸制动器断电制动控制线路

其工作原理如下：合上电源开关 QS。

① 启动运转：按下启动按钮 SB1，接触器 KM 线圈得电，其自锁触点和主触点闭合，电动机 M 接通电源。同时，电磁抱闸制动器线圈 YB 得电，衔铁与铁心吸合，衔铁克服弹簧拉力，迫使制动杠杆向上移动，从而使制动器的闸瓦与闸轮分开，电动机正常运转。

② 制动停转：按下停止按钮 SB2，接触器 KM 线圈失电，其自锁触点和主触点分断，电动机 M 失电，同时电磁抱闸制动器线圈 YB 也失电，衔铁与铁芯分开，在弹簧拉力的作用下，闸瓦紧紧抱住闸轮，使电动机被迅速制动而停转。

这种制动方式主要在大型的吊车、卷扬上升机等重型机械传动上使用。这种制动最大的优点在断电时，闸瓦立即抱紧闸轮，使电动机迅速制动停转，达到准确定位。在突然断电时，闸瓦抱紧闸轮，避免了重物下落和电动机反转的事故。

但是长时间的线圈得电，从节能上看不太节能；有些机械经常需要调节工件位置，不能采用这种制动方式。

图 2-7 为电磁抱闸制动器断电制动控制线路。

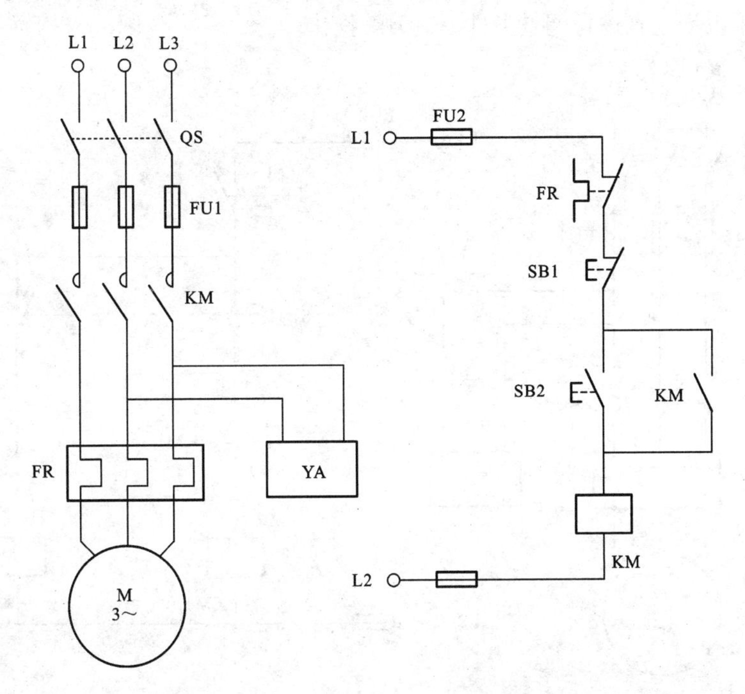

图 2-7　电磁抱闸制动器断电制动控制线路

线路的工作原理如下：

① 启动运转：先合上电源开关 QS，按下启动按钮 SB2，接触器 KM 线圈得电，其主触点和自锁触点闭合，电动机 M 接通电源，同时电磁抱闸制动器 YB 线圈得电，衔铁与铁心吸合，衔铁克服弹簧拉力，迫使制动拉杆向上移动，从而使制动器的闸瓦与闸轮分开，电动机正常运转。

② 制动停转：按下停止按钮 SB1，接触器 KM 线圈失电，其主触点和自锁触点分断，电动机 M 失电，同时电磁抱闸制动器 YB 线圈失电，衔铁与铁心分开，在弹簧拉力的作用下，制动器的闸瓦紧紧抱住闸轮，使电动机被迅速制动而停转。

电磁抱闸制动器断电制动在起重机械上被广泛采用，其优点是能够准确定位，同时可防止电动机突然断电时重物自行坠落。但由于电磁抱闸制动器线圈与电动机通电时间一样长，因此不够经济。另外，由于电磁抱闸制动器在切断电源后的制动作用，使手动调整运动部件很困难。

通电制动型的工作原理主要当制动电磁铁的线圈得电时，闸瓦紧紧抱着闸轮；当线圈失电时，制动器的闸瓦与闸轮分开，无制动作用。

它和断电制动方法稍有不同，当电动机得电运转时，电磁抱闸制动器线圈断电，闸瓦与闸轮分开，无制动作用；当电动机失电时，电磁抱闸制动器的线圈得电，使闸瓦与闸轮分开，这就达到工作人员可以调整主轴上的工件、对刀等操作目的。

其工作原理只是反向于断电制动器，此处就不做分析。

（2）电磁抱闸制动器通电制动控制电路

对要求电动机制动后能调整工件位置的机床设备，可采用通电制动控制线路，如图 2-8 所示。这种通电制动与上述断电制动方法稍有不同，当电动机得电运转时，电磁抱闸制动器线圈断电，闸瓦与闸轮分开，无制动作用；当电动机失电需停转时，电磁抱闸制动器的线圈得电，使闸瓦紧紧抱住闸轮制动；当电动机处于停转常态时，线圈也无电，闸瓦与闸轮分开，这样操作人员可以用手扳动主轴进行调整工件、对刀等操作。

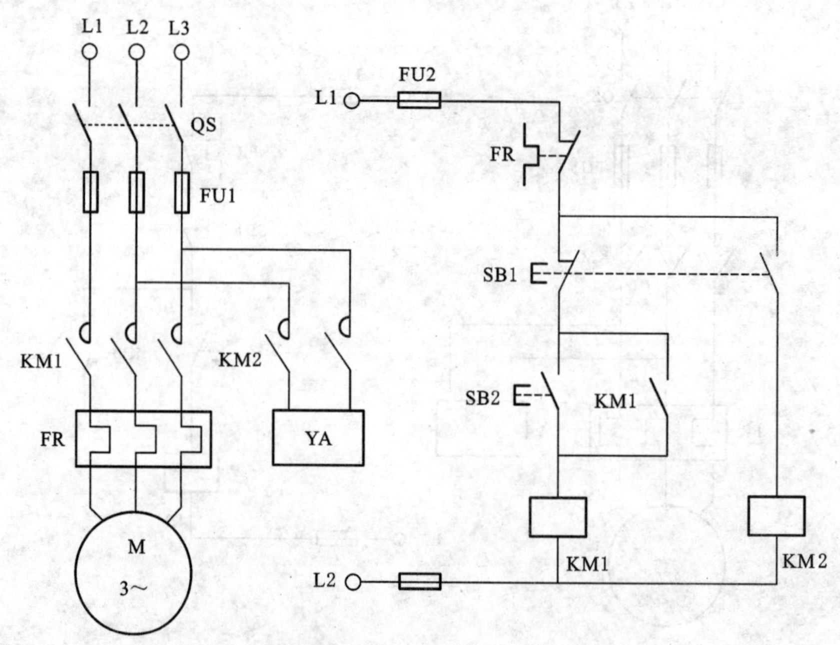

图 2-8 电磁包闸制动器通电制动控制线路

2. 电磁离合器制动

电磁离合器制动的原理和电磁抱闸制动器的制动原理相似，通过两个摩擦片的摩擦力来进行制动。

（1）结构

电磁离合器由制动电磁铁（含有动铁心、静铁心和励磁线圈）、静摩擦片、动摩擦片以及制动弹簧等组成。动铁心和静摩擦片固定在一起，并只能作轴向移动，而不能绕轴转动。

（2）制动原理

电动机静止时，励磁线圈无电，制动弹簧将静摩擦片紧紧地压在动摩擦片上，此时电动机通过绳轮轴被制动。当电动机通电运转时，励磁线圈也同时得电，电磁铁的动铁心被静铁心吸合，使静摩擦片与动摩擦片分开，于是动摩擦片连同绳轮轴在电动机的带动下正常启动运转。当电动机切断电源时，励磁线圈也同时失电，制动弹簧立即将摩擦片连同动铁心推向转动的动摩擦片，强大的弹簧张力迫使动、静触片之间产生足够大的摩擦力，使电动机断电后立即受制动停转。

电磁离合器励磁线圈电源取自电动机电源，直接与电动机同步失电与得电。

二、电气制动

电动机在切断电源停转的过程中，产生一个与原来电动机旋转方向相反的电磁力矩，（制动力矩），迫使电动机迅速制动停转的方法，称之为电气制动。

电气制动常用的方法有反接制动和能耗制动。

1. 反接制动的原理

图 2-9 所示线路的主电路和正反转控制线路的主电路相同，只是在反接制动时增加了 3 个限流电阻 R，线路中的 KM1 为正转运行接触器，KM2 为反接制动接触器，KS 为速度继电器。

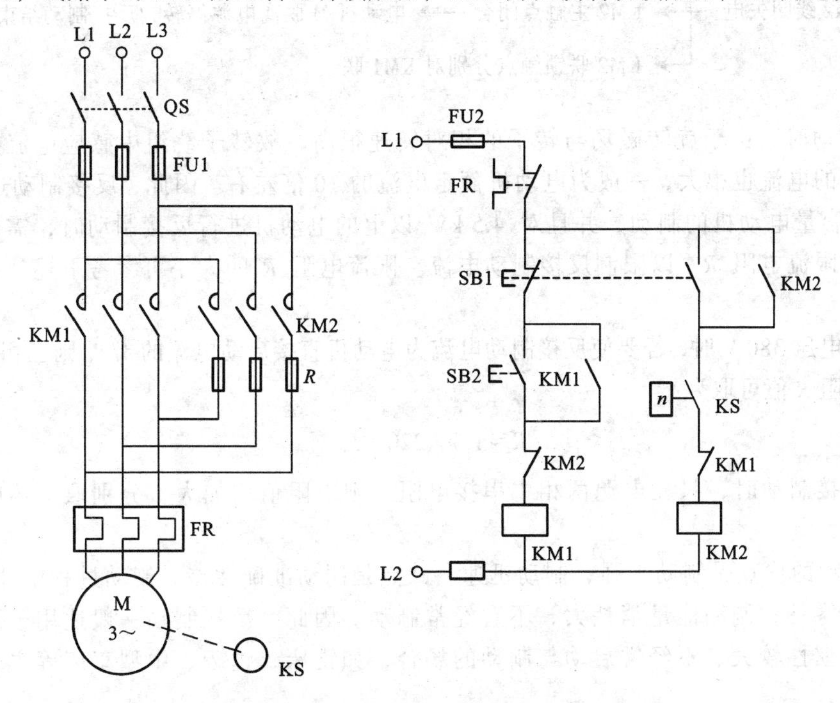

图 2-9　反接制动控制线路图

线路的工作原理如下：先合上电源 QS。

（1）单向启动

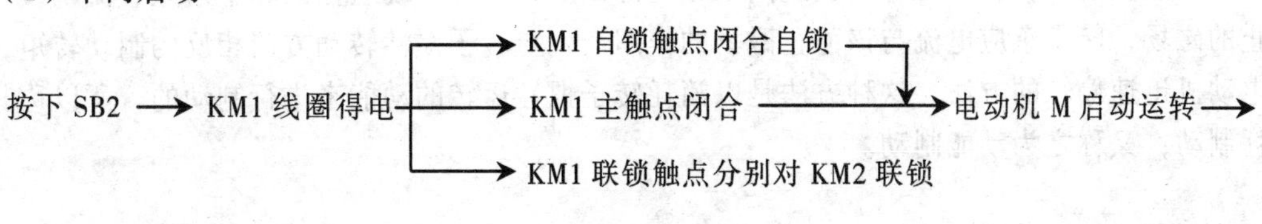

至电动机转速上升到一定值（150 r/min）→ KS 常开触点闭合为制动作准备

（2）反接制动

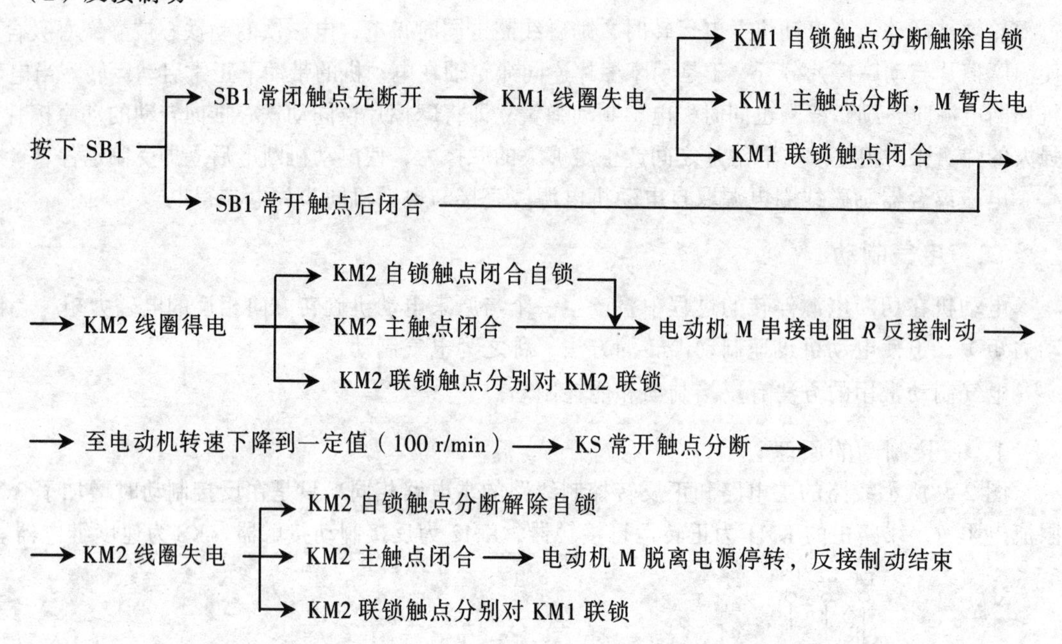

反接制动时，由于旋转磁场与转子的相对转速很高，故转子绕组中感应电流很大，致使定子绕组的电流也很大，一般为电动机额定电流的 10 倍左右。因此，反接制动适用于 10 kW 以下小容量电动机的制动，并且对 4.5 kW 以上的电动机进行反接制动时，需要在定子绕组中串入限流电阻 R，以限制反接制动电流。限流电阻 R 的大小可参考下述计算公式进行估算。

在电源电压 380 V 时，若要使反接制动电流为电动机直接启动电流的 1/2，则三相电路每相应串入的电阻 R 值可取为：

$$R \approx 1.5 \times 220 \div I_{st}$$

如果反接制动时，只在电源两相中串接电阻，则电阻值应加大，分别取上述电阻值的 1.5 倍。

反接制动的优点是制动力强，制动迅速。缺点是制动准确性差，制动过程中冲击强烈，易损坏传动零件；制动能量消耗大，不宜经常制动。因此，反接制动一般适用于制动要求迅速、系统惯性较大、不经常启动与制动的场合，如铣床、镗床、中型车床等主轴的制动控制。

2．能耗制动的原理

所谓能耗制动，就是在电动机脱离三相电源以后，在定子绕组任两相中通入直流电，产生静止的磁场，转子感应电流与该静止磁场的作用产生与转子惯性转动方向相反的制动转矩，迫使电动机迅速停转的方法。这种方法是以消耗转子惯性运转的动能来进行制动的，所以称其为能耗制动，又称之为动能制动。

在能耗制动中，按对输入直流电的控制方式分，有时间原则控制和速度原则控制两种，时间原则可分无变压器和有变压器能耗电路。

（1）无变压器单向启动能耗制动自动控制线路

无变压器单相半波整流能耗制动自动控制电路如图 2-10 所示，线路采用单相半波整流器作为直流电源，所用附加设备较少，线路简单，成本低，常用于 10 kW 以下小容量电动机，且对制动要求不高的场合。

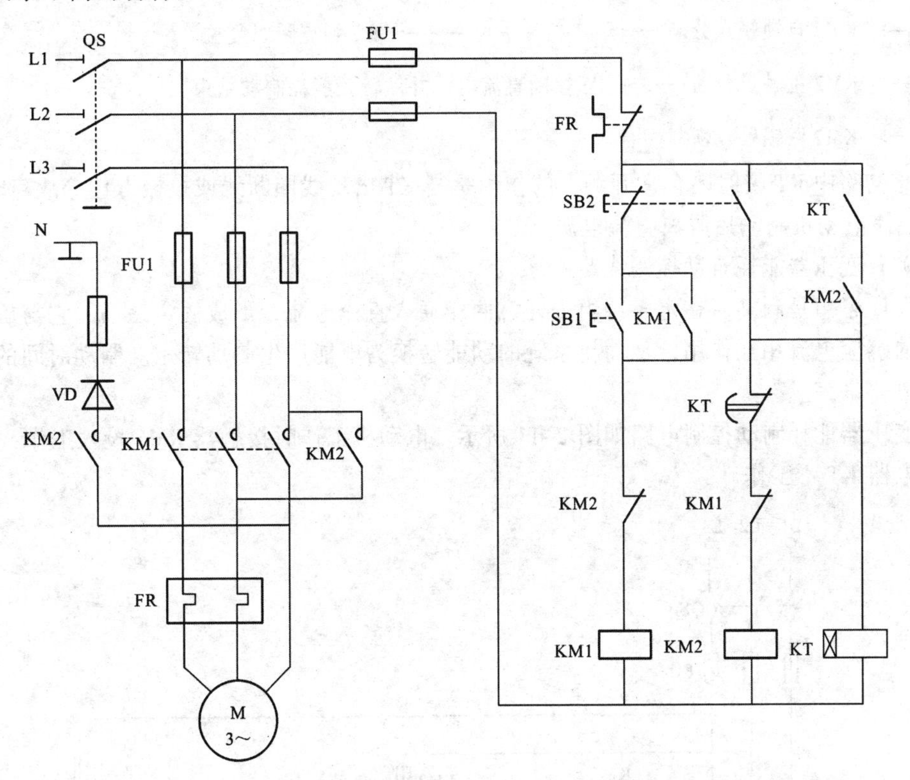

图 2-10　无变压器单相半波整流能耗制动控制电路

线路的工作原理如下：先合上电源开关 QS。

单向启动运转：

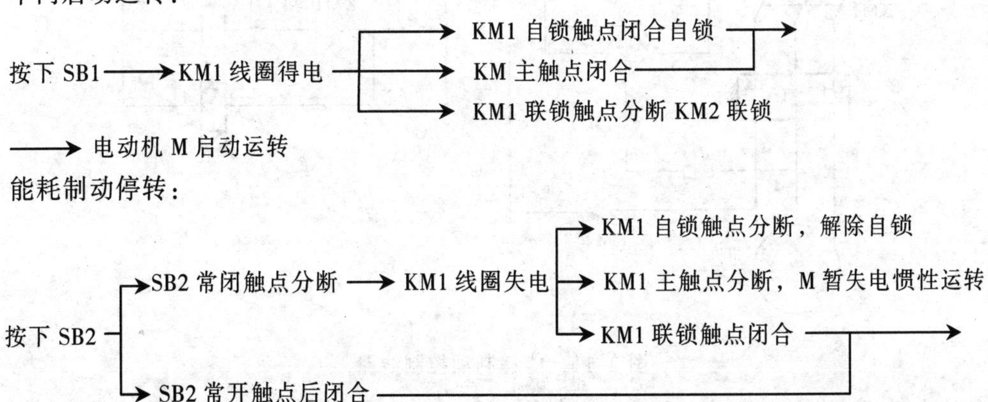

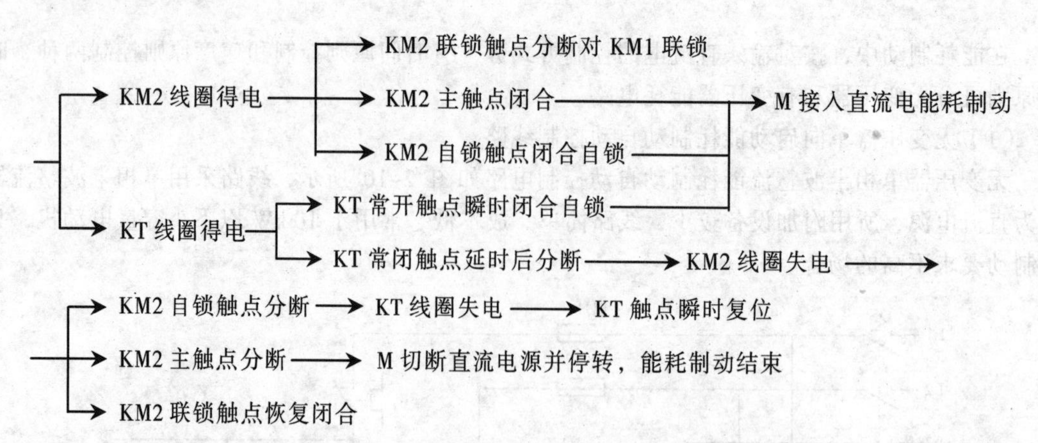

在此电路中 KT 瞬时闭合常开触点的作用是当 KT 出现线圈断线或机械卡住等故障时，按下 SB2 后能使电动机制动后脱离直流电源。

（2）有变压器能耗自动控制线路

其设计思想是制动时在定子绕组中任意两相通入直流电流，形成固定磁场，它与旋转着的转子中的感应电流相互作用，从而将系统的动能转换为电能产生制动转矩。制动时间的控制由时间继电器来完成。

有变压器能耗制动控制电路如图 2-11 所示。电动机工作时接触器 KM1 投入工作，KM2 与时间继电器 KT 不工作。

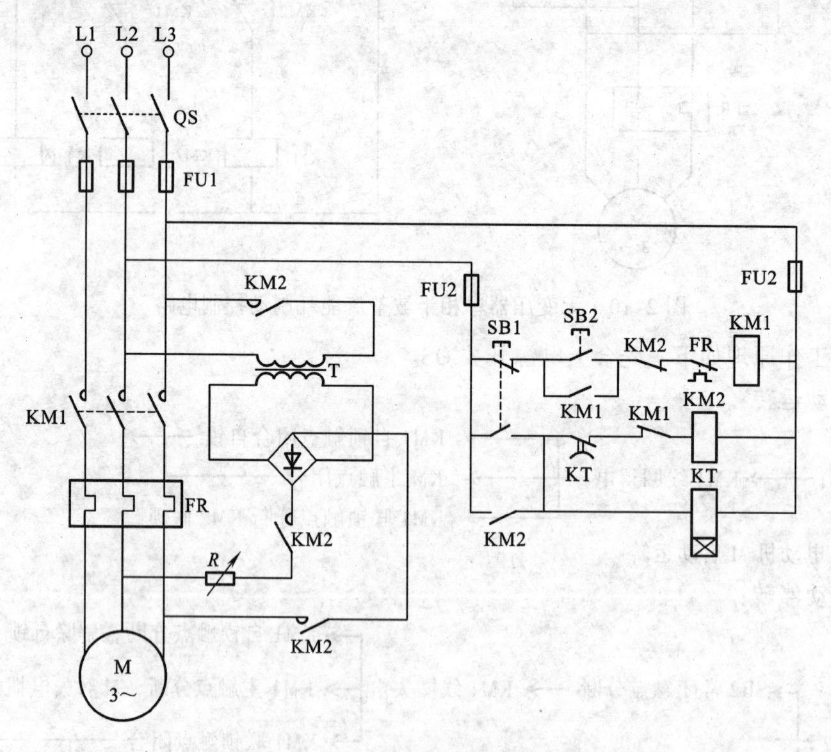

图 2-11　能耗制动控制线路

欲使电动机停止，按下停止按钮 SB1（SB1 是一个复合按钮，按下时其常闭触点先断开，常开触点后闭合），KM1 线圈失电，其主触点打开，使电动机切断电源；然后 KM2 与 KT 线圈得电，KM2主触点闭合，经整流后的直流电压通过电阻 R 加到电动机定子的两相绕组上，使电动机能耗制动。设置的时间到时，KT的延时常闭触点断开，使KM2与KT的线圈相继断电，电路停止工作。

能耗制动的特点是其制动准确、平稳，且能量消耗小，但是需要附加直流电源装置。其设备的成本、制动力较低，低速制动力矩小，因此能耗制动一般用于要求制动准确、平稳的场合。

能耗制动与反接制动相比，由于制动是利用转子中的储能进行的，所以能量损耗小；制动电流较小；制动准确，适用于要求平稳制动的场合。其缺点是需要附加直流电源装置，增加设备费用；制动力较弱，在低速时制动力矩小，制动速度也较反接制动慢一些。因此，能耗制动一般用于要求制动准确、平稳的场合，如磨床、立式铣床等设备的控制线路中。

能耗制动所需直流电源一般用以下方法估算，具体步骤如下：

① 首先测量出电动机三根进线中任意两根之间的电阻值 $R(\Omega)$；

② 测量出电动机的进线空载电流 I_0（A）；

③ 能耗制动所需要的直流电流 $I_L=KI_0$（A），所需要的直流电压 $U_L=I_LR$（V）。其中，系数 K 一般取3.5~4。若考虑到电动机定子绕组的发热情况，并使电动机达到比较满意的制动效果，对转速高、惯性大的传动装置可取上限。

④ 单相桥式整流电源变压器二次绕组电压和电流的有效值分别为：

$$U_2=\frac{U_L}{0.9}(\mathrm{V})$$

$$I_2=\frac{I_L}{0.9}(\mathrm{A})$$

变压器的计算容量为：

$$S=U_2I_2\ (\mathrm{V\cdot A})$$

如果制动不频繁，可取变压器实际容量为：

$$S'=(\frac{1}{3}\sim\frac{1}{2})S(\mathrm{V\cdot A})$$

⑤ 可调电阻 $R\approx2\Omega$，电阻功率 $P_R(\mathrm{W})=I_L^2R$，实际选用时，电阻功率的值也可适当小一些。

三相异步电动机的能耗制动与反接制动的适用范围和特点如表2-2所示。

表2-2 异步电动机能耗制动与反接制动比较

制动方法	适用范围	特点
能耗制动	要求平稳准确制动场合	制动准确度高，需直流电源，设备投入费用高
反接制动	制动要求迅速. 系统惯性大，制动不频繁的场合	设备简单,制动迅速，准确性差，制动冲击力强

能耗制动的工作原理：在图2-11中，按下停止按钮SB1后，先切断接触器KM1线圈供电，KM1的主触点断开，电动机M失电；后使KM2线圈得电，KM2的主触点合上，电动机两相定

子绕组通入直流电流，使定子中产生一个恒定的磁场，这样使惯性旋转的转子切割磁感应线，产生感应电流，又立即受到静止磁场的作用，产生电磁转矩，用左手定则判断可知，此转矩的方向正好与电动机的转向相反，使电动机受到制动迅速停转。

任务 4　了解三相异步电动机调速控制

实际应用中，往往要改变异步电动机的转速，达到某种设计传动需要。

调速(Speed Regulation)就是在一定的负载下，根据生产的需要人为地改变电动机的转速。电动机在满载时所能得到的最高转速与最低转速之比称为调速范围，如 5:1、10:1 等。如果转速只能跳跃式的调节，这种调速称为有级调速；如果在一定的范围内转速可以连续调节则这种调速称为无级调速。无级调速的平滑性好，这和电动机在不同负载下的转速变化是完全不同的两个概念。

三相异步电动机的转速公式：

$$n=(1-s)60f/p$$

该公式说明要使异步电动机转速变化，可以通过改变其中的电源频率、转差率，最后就是磁极对数（p）的三项变量，达到改变异步电动机的转速。

因此，异步电动机就有了 3 种基本调速的方法：

① 改变电动机电源的频率 f=变频调速，改变供电电源的频率。

② 改变电动机的转差率 s 调速，改变电动机的某些参数，如定子电压、转子电阻、转差电压、衍生了串级调速、调压调速和转差离合器调速等调速方法。

③ 变极调速，改变定子对数。这项调整必须电动机是多速绕组的前提，才能完成定子极对数改变，常有多绕组变极和单绕组改变联接的变极方法。

本任务主要是以变转差率 s 调速、变极调速的两个方面的阐述分析异步电动机的调速控制。

一、改变转差率调速

1．改变电压 U_1 调速

通过调压器为三相异步电动机定子绕组提供电源电压，由于转矩和电压的平方成正比，它的调速范围很窄，只用于风机型负载的使用。

2．改变转子电阻调速

采用绕线式异步电动机，在转子回路串入不同分极电阻改变转差率，达到速度调节目的方法。与转子串电阻起动运用机械特性的原理相似。

3．电磁离合器（滑差电动机）调速

电动机和生产机械之间一般都是用机械联轴器硬轴连接起来，可来用在联轴上面增加一种电磁的方法来实现调速的联轴器。

电磁离合器是由电枢和感应子（励磁线圈与磁场）两部分所组成，这两部分没有机械上的连接，都能自由地围绕同一轴心转动，彼此间的圆周气隙为 0.5 mm。

在通常情况下，电枢与异步电动机硬轴连接，电动机带动它旋转，称为主动部分，其转速由异步电动机决定，是不可调的；感应子则通过联轴器与生产机械固定连接，称为从动部分。

二、变更磁极对数的调速控制电路

改变磁极对数，可以改变电动机的同步转速，也就改变了电动机的转速。一般三相感应电动机的磁极对数是不能随意改变的，因此必须选用多速或双速电动机来进行调速。由于电动机极对数是整数，所以变极调速是有级的调速。

变极调速是通过改变电动机定子绕组连接方式，即改变定子绕组的半相绕组电流方向或在定子上设置具有不同极对数的两套互相独立的绕组来实现调速。有时同一台电动机为了获得更多的速度等级，会同时采用在定子上设置两套互相独立的绕组，又使每相绕组具备改变不同的接线方式。如图 2-12 所示，改变绕组的连接便能改变其中一些绕组的电流的方向，就能够改变定子形成磁极的数量，达到变极的目的。

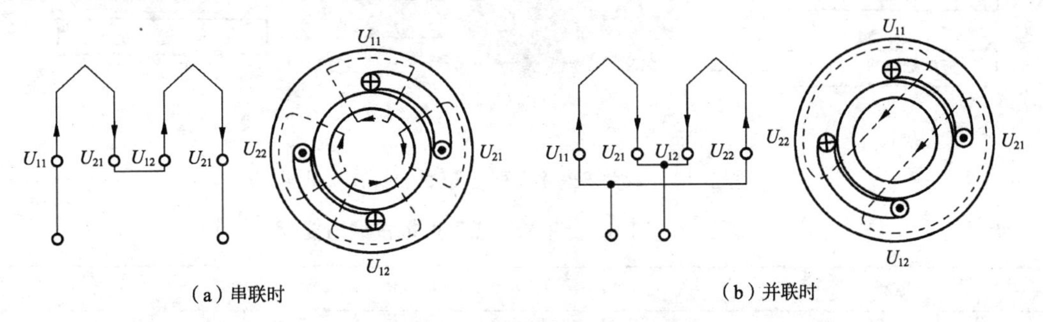

（a）串联时　　　　（b）并联时

图 2-12　异步电动机的变极原理

采用变极调速，原则上对笼形感应电动机与绕线转子感应电动机都适用。但对绕线式转子感应电动机，要改变转子磁极对数与定子绕组一致，其结构相当复杂，故一般不采用。

这种方法一般用于笼形电动机，因为其转子的磁极对数能自动与定子磁极对数相对应。

它具有的优点：所需设备简单，维修方便。

同时具有的缺点：电动机绕组的引出线头多；调速范围只能是有级调速，调速范围窄；不能单独地使用，一般和机械调速配合。

任务 5　了解三相异步电动机的变频控制

一、变频器的基本结构

变频器是把工频电源（50 Hz 或 60 Hz）变换成各种频率的交流电源，以实现电动机的变速运行的设备，其中控制电路完成对主电路的控制，整流电路将交流电变换成直流电，直流中间电路对整流电路的输出进行平滑滤波，逆变电路将直流电再逆变成交流电。对于如矢量控制变频器这种需要大量运算的变频器来说，有时还需要一个进行转矩计算的 CPU 以及一些相应的电路。

1. 变频器的操作与运行

① 变频器的操作面板及显示如图 2-13 所示。

② 变频器操作面板显示状态包括停机状态、运行状态和故障状态。

按键功能说明如表 2-3 所示。

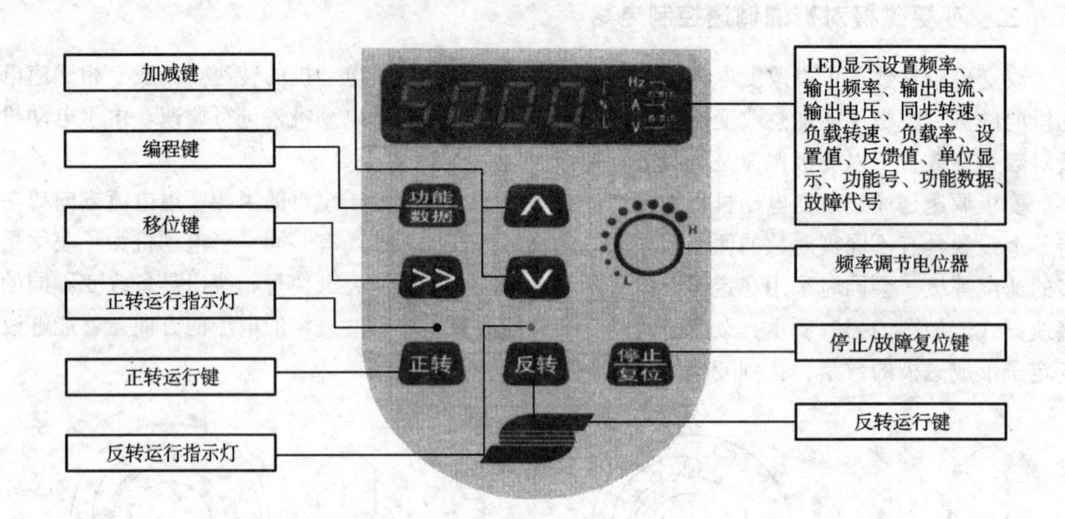

图 2-13 森兰 SB60 系列变频器的操作面板

表 2-3 SB60 变频器的操作面板按键功能

按键	功能
FUNC/DATA 或功能/数据	读出功能号和数据 数据写入确认
> >	显示状态切换 功能组和功能号的选择切换 转换功能内容的修改位
∧	功能号和功能内容的递增
∨	功能号和功能内容的递减
FWD 或正转	变频器正转运行命令
REV 或反转	变频器反转运行命令
STOP/RESET 或停止/复位	变频器停止命令 故障复位命令 Err5 复位命令

2．变频器的安装

为了保证变频器散热良好，必须将变频器安装在垂直方向，因变频器内部装有冷却风扇以强制风冷，其上下左右与相邻的物品和挡板（墙）必须保持足够的空间。

① 把变频器用螺栓垂直安装到坚固的物体上，从正面可以看见变频器操作面板的文字位置，不要上下颠倒或平放安装。

② 变频器在运行中会发热，确保冷却风道畅通，由于变频器内部热量从上部排出，所以不要安装到不耐热机器下面。

③ 变频器在运转中，散热片的附近温度可上升到 90℃，变频器背面要使用耐温材料。

④ 安装在控制柜内时，最好用将用发热部分露于柜之外的方法降低柜内温度，若不具

备将发热部分露于柜外的条件，可装在柜内，但要充分注意换气，防止变频器周围温度超过额定值。

3．变频器的接线

（1）主回路电缆

选择主回路电缆时，须考虑电流容量、短路保护、电缆压降等因素。

变频器与电动机之间的连接电缆尽量短，线路压降规定不能超过额定电压的 2%。

接地回路须按电气设备技术标准所规定的方式施工，可具体地参考变频器使用说明书。当变频器呈单元型时，接地电缆与变频器的接地端子连接；当变频器被设置在配电柜中时，则与配电柜的接地端子或接地母线相接。根据电气设备技术标准，接地电线必须用直径 6 mm 以上的软铜线。

（2）控制回路电缆

变频器控制回路的控制信号均为微弱的电压、电流信号，因此，必须对控制回路采取适当的屏蔽措施。

① 主、控电缆分离：主回路电缆与控制回路电缆必须分离铺设，相隔距离按电器设备技术标准执行。

② 电缆的屏蔽：若干扰存在，则应对控制电缆进行屏蔽：将电缆封入接地的金属管内；将电缆置入接地的金属通道内；采用屏蔽电缆。

③ 采用绞合电缆：弱电压、电流回路（4～20 mA，1～5 V）用电缆，特别是长距离的控制回路电缆采用绞合线，绞合线的绞合间距要尽可能小，并且都使用屏蔽铠装电缆。

二、变频器的分类

变频器的分类方法有多种，按照主电路工作方式分类，可分为电压型变频器和电流型变频器；按照开关方式分类，可以分为 PAM 控制变频器、PWM 控制变频器和高载频 PWM 控制变频器；按照工作原理分类，可以分为 V/f 控制变频器、转差频率控制变频器和矢量控制变频器等；按照用途分类，可以分为通用变频器、高性能专用变频器、高频变频器、单相变频器和三相变频器等。

三、变频器中常用的控制方式

在交流变频器中使用的非智能控制方式有 V/f 协调控制、转差频率控制、矢量控制、直接转矩控制等。

（1）V/f 控制

V/f 控制是为了得到理想的转矩-速度特性，基于在改变电源频率进行调速的同时，又要保证电动机的磁通不变的思想而提出的，通用型变频器基本上都采用这种控制方式。V/f 控制变频器结构非常简单，但是这种变频器采用开环控制方式，不能达到较高的控制性能，而且在低频时，必须进行转矩补偿，以改变低频转矩特性。

（2）转差频率控制

转差频率控制是一种直接控制转矩的控制方式，它是在 V/f 控制的基础上，按照知道异步电动机的实际转速对应的电源频率，并根据希望得到的转矩来调节变频器的输出频率，就可以使电动机具有对应的输出转矩。这种控制方式，在控制系统中需要安装速度传感器，有时还加有电流反馈，对频率和电流进行控制，因此这是一种闭环控制方式，可以使变频器具有良好的稳定性，并对急速的加减速和负载变动有良好的响应特性。

（3）矢量控制

矢量控制是通过矢量坐标电路控制电动机定子电流的大小和相位，以达到对电动机在 d、q、0 坐标轴系中的励磁电流和转矩电流分别进行控制，进而达到控制电动机转矩的目的。通过控制各矢量的作用顺序和时间以及零矢量的作用时间，又可以形成各种 PWM 波，达到各种不同的控制目的。例如，形成开关次数最少的 PWM 波以减少开关损耗。目前，在变频器中实际应用的矢量控制方式主要有基于转差频率控制的矢量控制方式和无速度传感器的矢量控制方式两种。

基于转差频率的矢量控制方式与转差频率控制方式两者的定常特性一致，但是基于转差频率的矢量控制还要经过坐标变换对电动机定子电流的相位进行控制，使之满足一定的条件，以消除转矩电流过渡过程中的波动。因此，基于转差频率的矢量控制方式比转差频率控制方式在输出特性方面能得到很大的改善。但是，这种控制方式属于闭环控制方式，需要在电动机上安装速度传感器，因此应用范围受到限制。

无速度传感器矢量控制是通过坐标变换处理分别对励磁电流和转矩电流进行控制，然后通过控制电动机定子绕组上的电压、电流辨识转速以达到控制励磁电流和转矩电流的目的。这种控制方式调速范围宽，启动转矩大，工作可靠，操作方便，但计算比较复杂，一般需要专门的处理器来进行计算，因此，实时性不是太理想，控制精度受到计算精度的影响。

（4）直接转矩控制

直接转矩控制是利用空间矢量坐标的概念，在定子坐标系下分析交流电动机的数学模型，控制电动机的磁链和转矩，通过检测定子电阻来达到观测定子磁链的目的，因此省去了矢量控制等复杂的变换计算，系统直观、简洁，计算速度和精度都比矢量控制方式有所提高。即使在开环的状态下，也能输出100%的额定转矩，对于多拖动具有负荷平衡功能。

四、变频器的常见故障与处理

1．变频器常见故障诊断

① 过电流故障。故障诊断：可能是短路、接地、过负载、负载突变、加／减速时间设置太短、转矩提升量设置不合理、变频器内部故障或谐波干扰大等。

② 过电压故障。故障诊断：电源电压过高、制动力矩不足、中间回路直流电压过高、加/减速时间设置得太短、电动机突然甩负载、负载惯性大、载波频率设置不合适等。

③ 欠电压故障。故障诊断：电源电压偏低、电源断相、在同一电源系统中有大启动电流的负载启动、变频器内部故障等。

④ 变频器过热故障。故障诊断：负载过大、环境温度高、散热片吸附灰尘太多、冷却风扇工作不正常或散热片堵塞、变频器内部故障等。

⑤ 变频器过载、电动机过载故障。故障诊断：负载过大或变频器容量过小、电子热继电器保护设置值太小、变频器内部故障等。

2．变频器的事故处理

变频器在运行中出现跳闸事故，处理有以下几种方法：

（1）电源故障处理

“欠电压”和“过电压”显示，待电源恢复正常后即可重新启动。

（2）外部故障处理

如输入信号断路，输出线路开路、断相、短路、接地或绝缘电阻很低，电动机故障或过载等，经排除故障后，即可重新启用。

（3）内部故障处理

如内部风扇断路或过热、熔断器断路、器件过热、存储器错误、CPU 故障等，可切换至工频运行，不致影响生产；待内部故障排除后，即可恢复变频运行。

（4）功能参数设置不当的处理

修改功能参数，重新启动便可解决。

五、变频器控制的展望

随着电力电子技术、微电子技术、计算机网络等高新技术的发展，变频器的控制方式今后将向以下几个方面发展。

1. 数字控制变频器的实现

现在，变频器的控制方式用数字处理器可以实现比较复杂的运算，变频器数字化将是一个重要的发展方向，目前进行变频器数字化主要采用单片机 MCS51 或 80C196MC 等，辅助以 SLE4520 或 EPLD 液晶显示器等来实现更加完善的控制性能。

2. 多种控制方式的结合

单一的控制方式有着各自的优缺点，并没有“万能”的控制方式，在有些控制场合，需要将一些控制方式结合起来，例如将学习控制与神经网络控制相结合，自适应控制与模糊控制相结合，直接转矩控制与神经网络控制相结合，或者称之为“混合控制”，这样取长补短，控制效果将会更好。

3. 远程控制的实现

计算机网络的发展，使“天涯若咫尺”，依靠计算机网络对变频器进行远程控制也是一个发展方向。通过 RS485 接口及一些网络协议对变频器进行远程控制，这样在有些不适合于人类进行现场操作的场合，也可以很容易地实现控制目标。

4. 绿色变频器

随着可持续发展战略的提出，对于环境的保护越来越受到人们的重视。变频器产生的高次谐波对电网会带来污染，降低变频器工作时的噪声以及增强其工作的可靠性、安全性等问题，都试图通过采取合适的控制方式来解决，设计出绿色变频器。

思考题

1. 异步电动机为什么能够直接启动？
2. 三相异步电动机的启动有哪些方法？
3. 三相异步电动机的制动有哪些方法？
4. 电动机的机械制动和电气制动各有什么特点？
5. 为什么三相异步电动机能耗制动时需要在定子绕组通入直流电流？
6. 三相异步电动机的调速有哪些方法？
7. 三相异步电动机的变极调速是怎样进行的？
8. 为什么变频调速是交流电动机的最佳方法？
9. 变频器的结构和工作原理是什么？
10. 频敏变阻器为什么对频率敏感？

项目 3

直流电动机实用控制线路

项目描述

由于直流电动机的调速性能比较好，一直是调速精度要求较高的工厂电气控制设备的首选。例如，龙门刨和起吊性能要求很稳定的行车都是采用直流电动机。因此，需要了解直流电动机启动控制线路、正反转控制线路、制动控制线路和保护线路等基本控制线路的动作过程。

知识目标

- 学习直流电动机的控制线路连接，会根据工作场所合理选用。
- 了解直流电动机的启动、正反转控制、制动控制和保护线路原理。

能力目标

- 学会分析基本单元控制线路的工作原理。
- 能动手安装和接线直流电动机控制线路。

直流电动机具有启动转矩大、调速范围广、调速精度高、调速平滑性好和易实现无级调速等一系列优点，使得它在生产设备中得到广泛应用。特别是在直流电力拖动系统中，有着不可代替的作用。例如，高精度金属切削机床、龙门刨床、轧钢机、造纸机等。在要求较宽的调速范围和较快过渡过程系统中（如龙门刨床的进给系统），在要求有较大的启动转矩和一定的调速范围的设备中（如电气机车、电车），都是使用直流电动机拖动的。

由于各种设备和系统的不同要求，对直流电动机的控制也就不同。从控制的角度出发，可发出启动、制动、调速和保护等基本线路，这些线路应由按钮、接触器、继电器等低压电器组成。

任务 1　实现他励直流电动机启动的控制

他励直流电动机的电枢绕组施加额定电压直接启动时，由于感应电动势没有建立，外加额定电压全部加在电枢绕组很小的内电阻上，产生的启动电流达到额定电流的 10～20 倍，这对直流电动机和电网供电都是不允许的。因此，在他励直流电动机启动时需要设法降低电枢电流，一般采取在电枢回路串电阻的方法限制启动电流。

他励直流电动机电枢回路串电阻的实质是能够降低电枢电压，他励直流电动机电枢回路串电阻降压启动是常用方法之一。在启动时，先串入电阻启动，然后随转速上升的过程逐级短接分段电阻，直到启动结束。

一、他励直流电动机三级电阻手动控制减压启动电路

他励直流电动机三级电阻手动控制减压启动电路如图 3-1 所示。线路的工作原理为：按下启动按钮 SB2，接触器 KM 线圈得电，KM 自锁触点闭合，实现 KM 线圈自保持通电。另外，KM 串联在电枢电路动合触点闭合，电枢串入 R_1、R_2、R_3 电阻后接入直流电源，开始降压启动。随着电动机转速从零开始上升，接触器 KM1 线圈两端电压也随之上升，当电压达到接触器 KM1 动作值时，KM1 动作，其动合触点闭合，将启动电阻 R_1 短接。电动机转速继续上升，随后 KM2、KM3 都先后达到动作值而动作，分别将 R_2、R_3 电阻短接。电动机转速达到额定值，电动机启动完毕，进入正常额定电压运转。

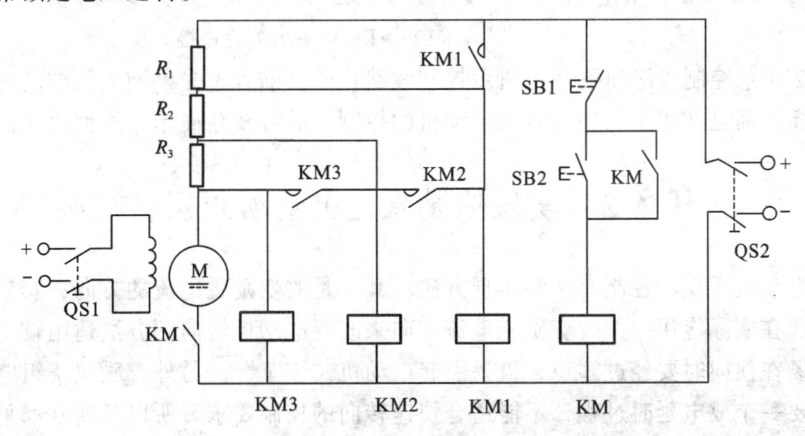

图 3-1　他励直流电动机三级电阻手动控制减压启动电路

其动作顺序如下：

QS2→SB2→KM→M（串 R_1、R_2、R_3启动）→n↑→U_{KM1}↑→KM1→R_1（短接）→n↑→U_{KM2}↑→KM2→R_2（短接）→U_{KM3}↑→KM3→R_3（短接）→M（全压运行）。

二、利用时间继电器控制他励直流电动机启动控制电路

图 3-2 所示为运用接触器和时间继电器配合他励直流电动机电枢串电阻降压启动控制线路。图 3-2 中 KT1 和 KT2 为断电延时型时间继电器，线路的工作原理为：在开关按钮 QS2 合上后，KT1 和 KT2 线圈得电，其动断触点立即断开，使接触器 KM2、KM3 线圈失电，那么与电枢串联的电阻 R_1、R_2 可以全部串入电路进行降压启动的准备。当按下启动按钮 ST 后，KM1 接

触器接通他励直流电动机的电枢回路，串入电阻 R_1 和 R_2 进行限流启动，同时 KM1 的常闭触点打开，两个时间继电器 KT1 和 KT2 线圈断电。其中，$\Delta t_1 < \Delta t_2$，即 KT1 整定时间短，其触点先动作，让 KM2 接触器线圈先通电，KM2 的常开触点先短接（切除）R_2；而 KT2 整定时间较长，其常闭触点延时闭合后，使 KM2 接触器线圈后通电，KM2 的常开触点后短接（切除）R_1，他励直流电动机串电阻启动过程结束。

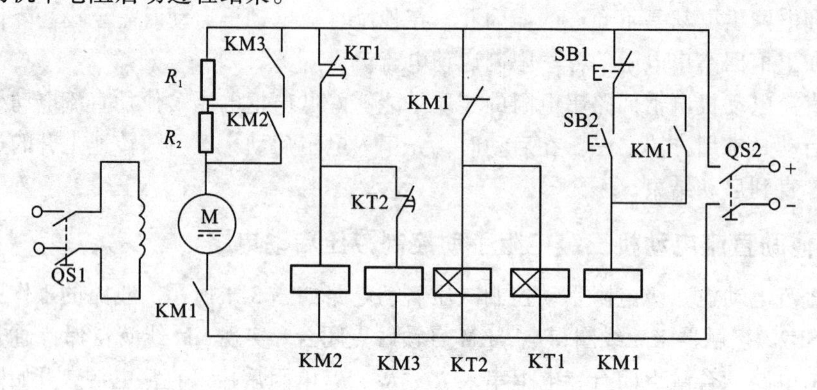

图 3-2　时间继电器控制他励直流电动机启动控制电路

其线路工作过程如下：

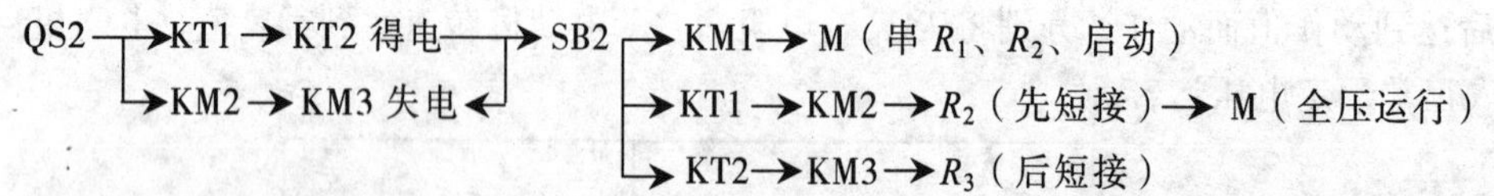

图 3-2 所示控制线路和图 3-1 所示控制线路比较，前者不受电网电压波动的影响，工作的可靠性较高，而且适用于大功率直流电动机的控制。后者线路简单，所使用元器件的数量少。

任务 2　实现他励直流电动机正反转控制

直流电动机正反转控制有两种实现方法：其一是改变励磁电流的方向；其二是改变电枢电流的方向。在实际应用中，改变励磁电流方向来改变电动机转向的方法适用较少，原因是励磁绕组的磁场在换向时要经过零点，极易引起电动机“飞车”。另外，励磁绕组电感量较大，在换向时需要一个放电延时过程，不能适合快速转向的控制要求。所以，通常都采用改变电枢电流方向的方法来控制直流电动机的正反转。

一、改变电枢电流方向控制他励直流电动机正、反转控制线路

图 3-3 所示为改变电枢电流方向控制他励直流电动机正、反转控制线路。在图 3-3 中，电枢电路电源由接触器 KM1 和 KM2 主触点分别接入，其方向相反，从而达到控制正反转的目的。其线路工作原理为：按下 SB2 后接触器 KM1 线圈得电，KM1 的主触点合上，使他励直流电动机接通电源正转，同时 KM1 的辅助常开触点自锁，在 SB2 按钮松开后保持 KM1 线圈通电；需要电动机反转时应先按停止按钮 SB1，切断电动机供电，然后按下 SB3 使接触器 KM2 线圈得电，KM2 的主触点合上，使他励直流电动机接通反极性电源反转。KM1 和 KM2 的辅助常闭触点的互锁是为了防止将电源短路而设置的。

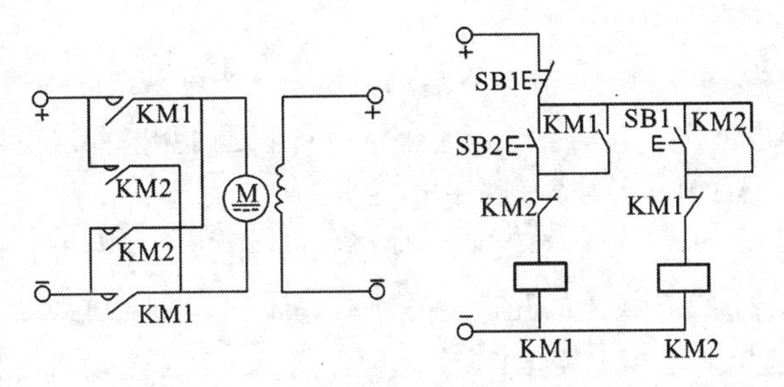

图 3-3　改变电枢电流方向控制他励直流电动机正、反转控制电路

其线路的动作过程如下：

正转：SB2→KM1→M（正转）
　　　　　　　→KM2（互锁）

停车：SB1→KM1→M（停车）

反转：SB3→KM2→M（反转）
　　　　　　　→KM1（互锁）

图 3-4 所示为利用行程开关控制的他励直流电动机正、反转启动控制线路。图 3-4 中接触器 KM1、KM2 控制电动机正、反转，接触器 KM3、KM4 短接电枢启动电阻，行程开关 SQ1、SQ2 可替代正反转启动按钮 SB2、SB3，实现自动往返控制，时间继电器 KT1、KT2 控制启动时间，分段短接启动电阻 R_1、R_2，R_3 为放电电阻，KA1 为过电流继电器，KA2 为欠电流继电器。

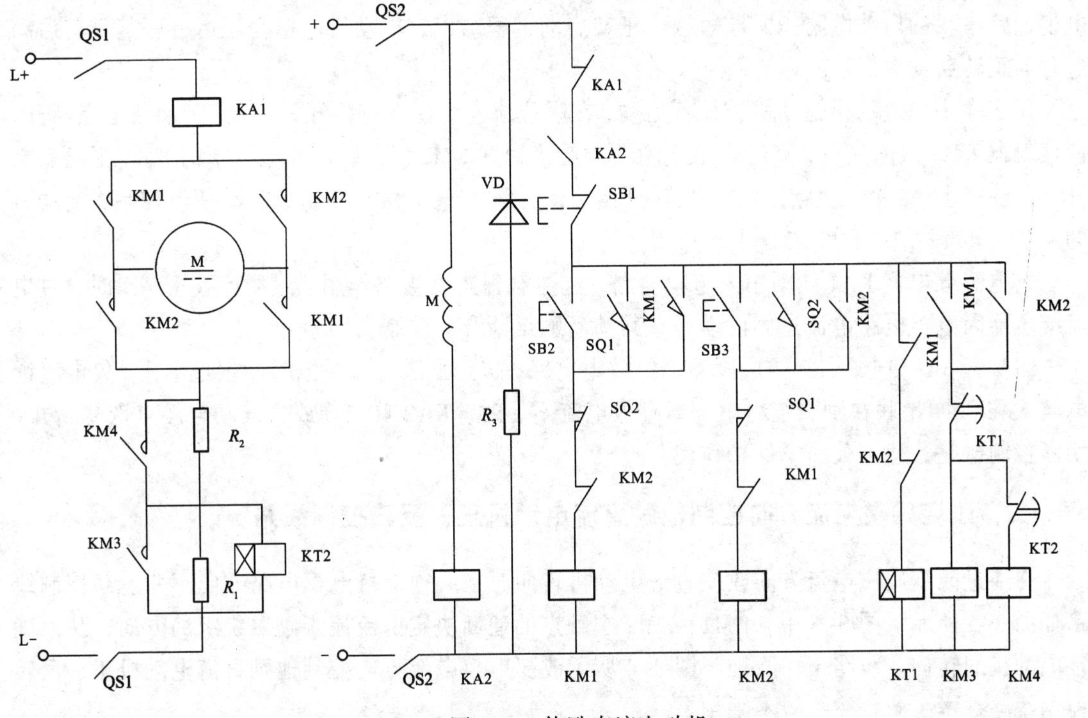

图 3-4　他励直流电动机

其线路工作原理如下：

合上 QS1、QS2 接通电源合，未按下启动按钮前，当励磁线圈中通过足够大的电流时，欠电流继电器 KA2 得电动作，其动合触点闭合，使断电延时型时间继电器 KT1 线圈得电，KT1 动断触点断开，接触器 KM3、KM4 线圈失电。

按下正转启动按钮 SB2，接触器 KM1 线圈得电，KM1 自锁与互锁触点动作，实现对 KM1 线圈的自锁和对接触器 KM2 线圈的互锁。另外，KM1 串联在 KT1 线圈电路的动触点断开，时间继电器 KT1 开始延时。电枢电路 KM1 动合触点闭合，直流电动机电枢回路串入 R_1、R_2电阻启动。此时 R1 两端并联的断电延时型时间继电器 KT2 线圈得电，KT2 其动断触点断开，使接触器 KM4 线圈无法得电。

其线路的动作过程如下：

按 SB2→KM1 线圈得电→KM1 动合触点自锁→电枢回路中 KM1 动合触点闭合使电动机串电阻启动→KM1 动断触点断开→KM2 线圈进行互锁→KT1 回路 KM1 触点断开使延时，KT1 延时后→KM3 线圈得电→短路 *R*1→使 KT2 断电失压→KT2 延时闭合常闭触点合上→使 KM4 线圈得电→KM4 动合触点闭合→短路（切除）*R*2→启动结束

随着启动的进行，转速不断升高，经过 KT1 设置的时间后，KT1 延时闭合动断触点闭合，因 KM1 线圈得电后其动合触点也闭合，所以接触器 KM3 线圈得电。电枢电路中的 KM3 动合主触点闭合，短接电阻 R1 和时间继电器 KT2 线圈。R1 被短接后，直流电动机转速进一步提高，继续降压启动过程。时间继电器 KT2 被短接，相当于该线圈失电。KT2 开始进行延时，经过 KT2 设置时间，其触点闭合，使接触器 KM4 线圈得电。电枢回路中的 KM4 动合主触点闭合，电枢回路串联的启动电阻 R2 被短接。正转启动过程结束，电动机电枢全压运行。其反转启动过程与正转启动类似。

图 3-4 中的电动机拖动机械设备运动，在限位位置上压下行程开关 SQ2，其动断触点断开，使接触器 KM1 线圈失电，其动合触点闭合接通接触器 KM2 线圈，电枢电路中的 KM1 主触点断开，正转停止；KM2 主触点闭合，反转开始。该电路由 SQ1 和 SQ2 组成自动往返控制，电动机的正、反转是由 KM1 和 KM2 主触点闭合情况决定的。

过电流继电器 KA1 线圈串入电枢电路，起过载保护好短路作用。过载（或短路）时，过电流继电器因电枢电路电流过大而动作，其动断触点断开，控制电路断开。

二极管 VD 和电阻 R3 构成励磁绕组放电电路，防止励磁电流断电时产生过电压。欠电流继电器 KA2 线圈串联在励磁绕组中，当励磁电流不足时，KA2 首先释放，其动合触点恢复断开，切断控制电路，达到欠磁场保护作用。

二、改变励磁电流方向控制他励直流电动机正、反转控制线路

在通过改变励磁电流方向改变直流电动机转向时，必须保持电枢电路方向不变。其控制线路如图 3-5 所示。图 3-5 中，KM1、KM2 主触点的通断决定电流流入励磁绕组的方向，从而确定电动机的转向。线路工作原理与图 3-4 所示改变电枢电流方向控制他励直流电动机正、反转控制线路基本一致，（一般不采用）。

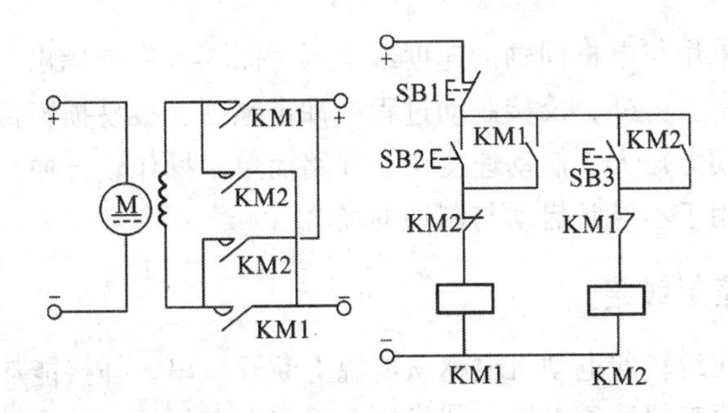

图 3-5　改变励磁电流方向控制他励直流电动机正反转控制线路

任务3　实现直流电动机制动控制

与交流电动机一样，直流电动机也可以采用机械制动或电气制动。电气制动就是使电动机产生的电磁转矩与电动机旋转方向相反，使电动机转速迅速下降。电气制动的特点是产生的转矩大、易于控制、操作方便。他励直流电动机的电气制动方法有反接制动、能耗制动等。

一、反接制动控制线路

反接制动工作原理与交流电动机反接制动原理基本一致。将正在运转的直流电动机的电枢两端电压突然反接，但仍然维持其励磁电流方向不变，电枢将产生反向力矩，强迫电动机迅速停转。

直流电动机接触器反接制动控制线路如图 3-6 所示。在图 3-6 中，接触器 KM1 控制电动机正常运转，接触器 KM2 控制电动机反接制动，电枢电路中 R 为制动限流电阻，为了减小过大的反接制动电流，因为此时电枢电路电流值是由当时电压和反电动势之和建立的。

其线路工作原理如下：按下启动按钮 SB2，接触器 KM1 线圈得电，其自锁和互锁触点动作，分别对 KM1 线圈实现自锁和对接触器 KM2 线圈实现互锁。电枢电路中的 KM1 主触点闭合，电动机电枢接入电源，电动机运转。

按下制动按钮 SB1，其动断触点先断开，使接触器 KM1 线圈失电，解除 KM1 的自锁和互锁，主回路中的 KM1 主触点断开，电动机电枢惯性旋转。SB1 的动合触点后闭合，接触器 KM2 线圈得电，电枢电路中的 KM2 主触点闭合，电枢接入反方向电源，串入电阻后进行反接制动。

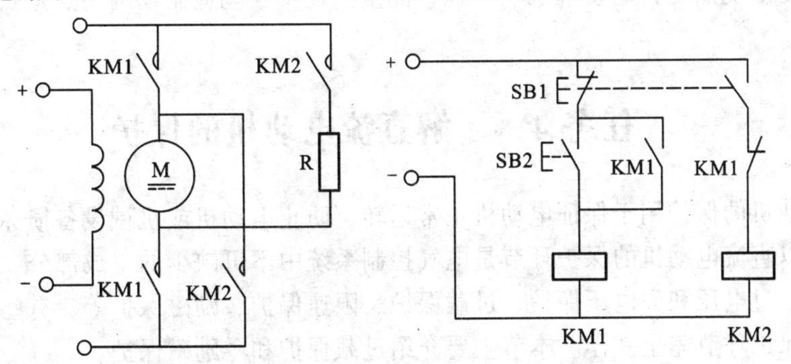

图 3-6　直流电动机接触器反接制动控制电路

反接制动必须在转速为零时切断制动电源，否则会引起电动机反向启动。为此，和异步电动机反接制动一样，采用与电枢同轴的速度继电器（图 3-6 中未标出）控制。这样制动的准确性比手动控制大为提高。另外，反接制动过程中冲击强烈，极易损害传动零件。但反接制动的优点也十分明显，制动力矩大、制动速度快、线路简单、操作较方便。鉴于反接制动的这些特点，反接制动一般适用于不经常启动与制动的场合。

二、能耗制动控制线路

能耗制动是将正在运转的电动机电枢从电源上断开，串入外接能耗制动电阻后，再与电枢组成回路，并且维持原来的励磁电流，使机械系统和电枢的惯性动能转换成电能，消耗在电枢和外电阻上，迫使电动机迅速停止转动。

直流电动机能耗制动控制线路如图 3-7 所示。电枢电路中的 KM2 动合触点在能耗制动时，将制动电阻 *R* 接入电枢回路。

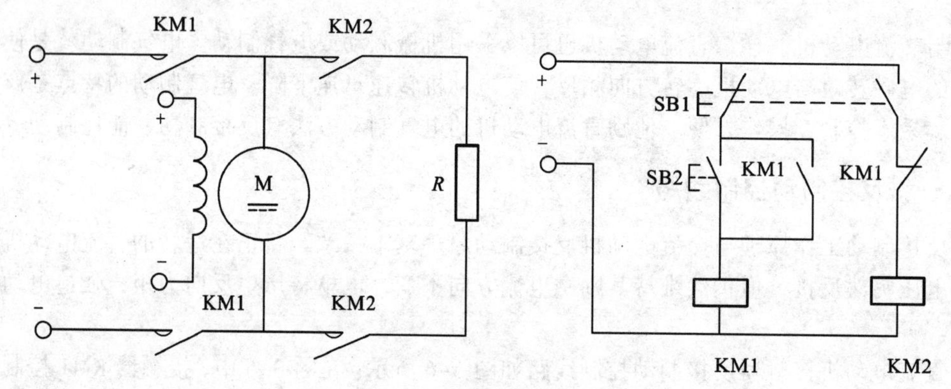

图 3-7　直流电动机能耗制动控制电路

线路的工作原理如下：SB2 为启动按钮，它可以接通接触器 KM1 线圈。制动按钮 SB1 按下时，接触器 KM2 线圈得电，电枢电路中的电阻 R 串入，直流电动机进入能耗制动状态，随着制动的进行，电动机减速。

能耗制动所串入制动电阻大小的选择十分重要。若阻值选择较大，致使制动电流小、制动缓慢；若制动电阻选择较小，制动电流大，制动迅速，但其电流可能会超过电枢电路的允许值。一般情况下，按最大制动电流小于二倍额定电枢电流来选择较合适。

能耗制动的优点是：制动准确、平稳，能量消耗少。能耗制动的弱点是：制动转矩小，制动不迅速。

任务 4　了解直流电动机的保护

直流电动机的保护用于保证电动机正常运转、防止电动机或机械设备损坏、保护人身安全的需要，所以直流电动机的保护环节是电气控制系统中不可缺少的组成部分。这些保护环节包括短路保护、过电压和失电压保护、过载保护、限速保护、励磁保护等。有些保护环节与交流异步电动机保护环节完全一样。本节主要介绍过载保护和零励磁保护。

一、直流电动机的过载保护

直流电动机在启动、制动和短时过载时，电流会很大，应将其电流限制在允许过载的范围内。直流电动机的过载保护一般是利用过电流继电器来实现的。保护线路如图 3-8 所示，在图 3-8 中，电枢电路串联过电流继电器 KA2。

其线路工作原理如下：电动机负载正常时，过电流继电器中通过的电枢电流正常，KA2 不动作，其动断触点保持闭合状态，控制电路能够正常工作。一旦发生过载情况，电枢电路的电流会增大，当其值超过 KA2 的整定值时，过电流继电器 KA2 动作，它的动断触点断开，切断控制电路，使直流电动机脱离电源，起到过载保护的作用。

二、直流电动机的励磁保护

直流电动机在正常运转状态下，如果励磁电路的电压下降较多或突然断电，会引起电动机的速度急剧上升，出现“飞车”现象。“飞车”现象一旦发生，会严重损坏电动机或机械设备。直流电动机防止失去励磁或削弱励磁的保护，是采用欠电流继电器来实现的。

在图 3-8 中，励磁电路串联欠电流继电器 KA1，当励磁电流合适时，欠电流继电器吸合，其动合触点闭合，控制电路能够正常工作。当励磁电流减少或为零时，欠电流继电器因电流过低而释放，其动合触点恢复断开状态，切断控制电路，使电动机脱离电源，启动励磁保护作用。

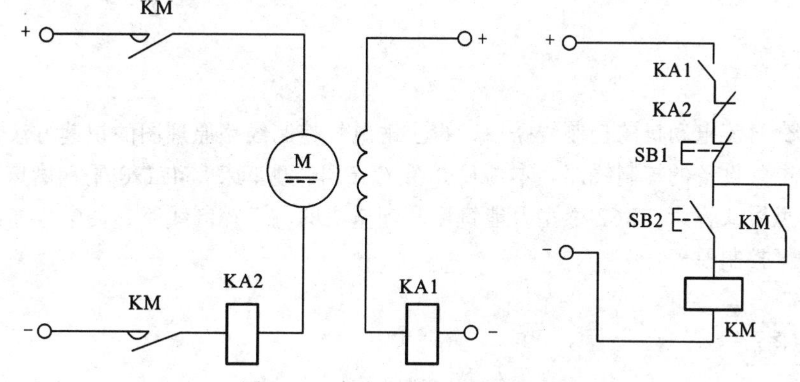

图 3-8 直流电动机的保护线路

思考题

1. 他励直流电动机串电阻启动的作用是什么？为何要串多级电阻启动？
2. 为什么他励直流电动机正反转控制一般不采用励磁电流的变换？
3. 二极管和电阻构成励磁绕组放电电路的作用有哪些？
4. 直流电动机为什么不允许直接启动？
5. 直流电动机的保护电路有哪些？分别作什么保护？
6. 直流电动机制动时为什么要外串电阻？
7. 直流电动机的正反转控制有哪些方法？
8. 直流电动机调速方法有哪些？哪种方法的调速性能最佳？

项目 4

常用机床和吊车的电气控制

项目描述

学习了交直流电动机的控制线路后，再了解电气控制线路原理图的识读方法，便可以去识读工厂各种电气设备的控制线路。本项目介绍 CA6140 型车床、M7120 平面磨床、Z3040 摇臂钻床、T68 型卧式镗床、X62W 型万能铣床和起重机的电气控制线路，使学生能够了解工厂常用设备的电气控制原理。

知识目标

- 学习电气控制线路原理图的识读方法。
- 了解各种机床的控制线路原理和维修方法。

能力目标

- 学会分析机床基本制线路的工作原理。
- 会动手安装和检修机床的控制线路。

任务 1　识读电气控制线路原理图的方法

一、识读电气控制线路原理图的方法

电气控制线路原理图具有结构简单、层次分明、适于研究和分析电路的工作原理等优点，所以无论在设计部门还是在生产现场都得到了广泛应用。识读电气控制线路原理图的方法一般可归纳为：从机到电，先主后辅，化整为零，顺序阅读，连成系统，统观全图。其方法如下：

① 看标题栏，了解电路图的名称及标题栏中的有关内容，对电路图有个初步的认识。

② 看主电路，了解主电路中采用的控制电器和设备以及主电路结构及其如何满足拖动控制要求。再根据工艺过程了解各台用电设备之间的联系。

③ 看控制电路，根据主电路中控制元件主触点的文字符号，找到控制电路中有关的控制支路，把整个控制电路分解成与主电路相对应的几个基本环节，逐一分析。在分析中，特别要注意各环节之间的相互联系和制约关系，如自锁、联锁、保护环节等，以及与机械、液压部件的动作关系。逐步分析结束后，还应把各环节串起来，从整个控制电路来理解。

④ 最后看信号、照明等辅助电路。

弄清了电气控制线路原理图的布局、结构及大致工作情况后，即可结合前面所学的专业知识来分析电路的工作原理。

二、电气控制线路图读图规则

电气控制图采用国家标准规定的电器图形文字符号绘制而成，用以表达电气控制系统原理、功能、用途以及电气元件之间的布置、连接和安装关系的图形称为电气图。电气图主要包括电气原理图、电气接线图和电气安装图。

电气图绘制必须遵守国家标准局颁布的最新电气制图标准。目前，主要有 GB/T 4728.1—2005《电气简图用图形符号》、GB/T 4026—2010《人机界面标志标识的基本和安全规则　设备端子和导体终端的标识》、GB/T 6988.1—2008《电气技术用文件的编制》等。此外，还须遵守机械制图与建筑制图的相关标准。

1．电气元件读图规则

图 4-1 是 CW6132 车床的电气原理图。图中包括了该机床所有电气元件导电部件和接线端点之间的连接关系。

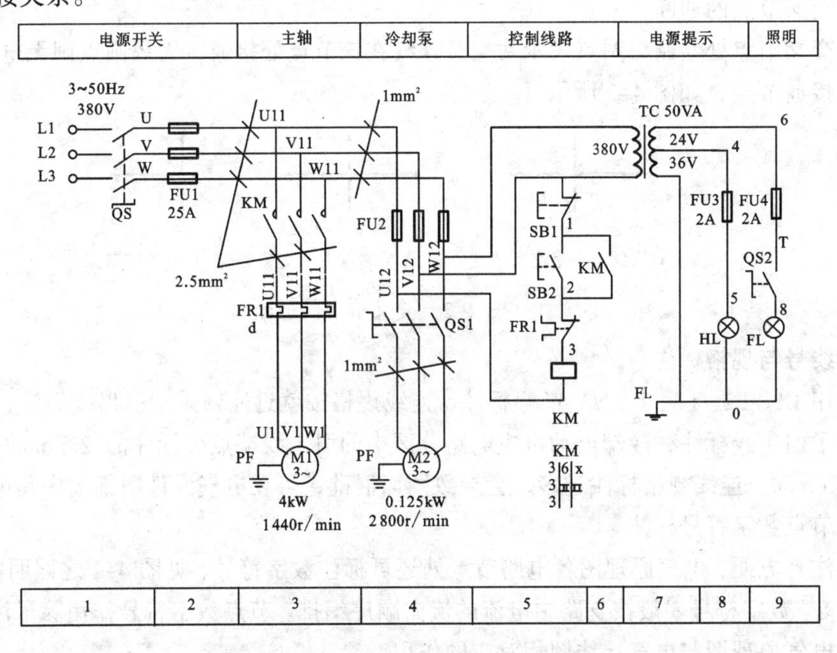

图 4-1　CW6132 车床电气原理图

（1）触点图示状态

电气图中电气元件触点的图示状态应按该电器的不通电状态和不受力状态绘制。

对于接触器、电磁继电器触点按电磁线圈不通电时状态绘制；对于按钮、行程开关按不受外力作用时的状态绘制；对于低压断路器及组合开关按断开状态绘制；热继电器按未脱扣状态绘制；速度继电器按电动机转速为零时的状态绘制；事故、备用与报警开关等按设备处于正常工作时的状态绘制；标有 OFF 等多个稳定操作位置的手动开关则按拨在 OFF 位置时的状态绘制。

（2）文字标注规则

电气图中文字标注遵循就近标注规则与相同规则。所谓就近规则是指电气元件各导电部件的文字符号应标注在图形符号的附近位置；相同规则是指同一电气元件的不同导电部件必须采用相同的文字标注符号（在图 4-1 中，交流接触器线圈、主触点及其辅助触点均采用同一文字标注符号 KM）。

文字本身应符合 GB/T 4457.4—2002H《机械制图》的规定。汉字采用长仿宋体，字高有 20、14、10、7、5、3.5、2.5 等 7 种，字体宽度约等于字高的 2/3，而数字和字母笔画宽度约为字高的 1/10 等。

2．连线绘制规则

（1）连线布置形式

- 垂直布置形式：设备及电器元件图形符号从左至右纵向排列，连接线垂直布置，类似项目横向对齐，一般机床电气原理图均采用此布置方法。
- 水平布置形式：设备及电器元件图形符号从上至下横向排列，连线水平布置，类似项目纵向对齐。

电气原理图绘制时采用的连线布置形式应与电气控制柜内实际的连线布置形式相符。

（2）交叉节点的通断

十字交叉节点处绘制黑圆点表示两交叉连线在该节点处接通，无黑圆点则无电联系；T 字节点则为接通节点，如图 4-2 所示。

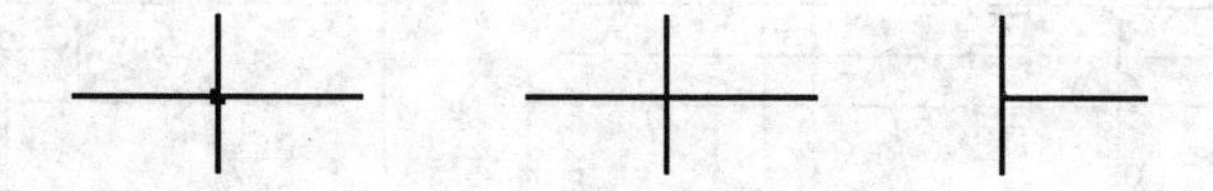

（a）有黑圆点十字交叉节点（b）无黑圆点十字交叉节点 （c）T 字节点

图 4-2 交叉节点的通断

（3）线号与规格标注

线号用 L1、L2、L3、U、V、W 等标注，连线规格按就近原则采用引出线标注，例如图 4-1 中就采用了引出线标注，冷却电动机主电路分区中的引出线端点处标注的 2.5 mm^2 表示连线截面积为 2.5 mm^2。连线规格标注过多，会导致图面混乱，可在电气元件明细表中集中标注。

（4）节点数字符号标注

为了注释方便，电气原理图各电路节点处还可标注数字符号，见图 4-1 之照明电路区的 4、5、6、7、8。数字符号一般按支路中电流的流向顺序编排。节点数字符号作用除了注释作用外，还起到将电气原理图与电气接线图相对应的作用。

3．图幅分区规则

为了确定图上内容的位置及其用途，应对一些幅面较大、内容复杂的电气图进行分区。

（1）分区方法及其标注

垂直布置电气原理图中，上方一般按主电路及各功能控制环节自左至右进行文字说明分区，并在各分区方框内加注文字说明，帮助机床电气原理的阅读理解；下方一般按“支路居中”原则从左至右进行数字标注分区，并在各分区方框内加注数字，以方便继电器、接触器等电器触点位置的查阅。“支路居中”原则是指各支路垂线应对准数字分区方框的中线位置。对于水平布置的电气原理图，则实现左右分区。左方自上而下进行文字说明分区，右方自上而下进行数字标注分区。

（2）触点索引代号

电气原理图中的交流接触器与继电器、因线圈、主触点、辅助触点所起作用各不相同，为清晰地表明机床电气原理图工作原理，这些部件通常绘制在各自发挥作用的支路中。在幅面较大的复杂电气原理图中，为检索方便，需要在电磁线圈图形符号下方标注电磁线圈的触点索引代号，如图 4-3 所示。

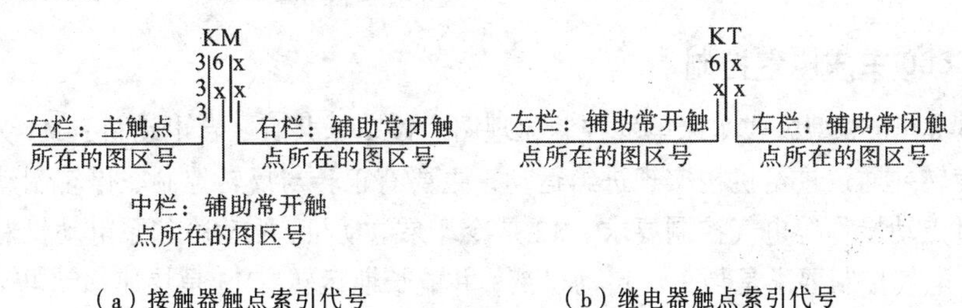

（a）接触器触点索引代号　　（b）继电器触点索引代号

图 4-3　电磁线圈的触点索引代号

对于接触器触点索引代号分为左中右三栏，左栏数字表示主触点所在的数字分区号，中栏数字表示常开辅助触点所在的数字分区号，右栏则表示常闭辅助触点所在的数字分区号。对于继电器触点索引代号分为左右两栏，左栏表示常开触点所在数字分区号，右栏表示常闭触点所在数字分区号。

4．电气接线图读图规则

表示电气控制系统中各项目（包括电气元件、组件、设备等）之间连接关系、连线种类和敷设路线等详细信息的电气图称为电气接线图。电气接线图是检查电路和维修电路不可缺少的技术文件，根据表达对象和用途不同，可细分为单元接线图、互连接线图和端子接线图等。

图 4-4 是 CW6132 车床电气互连接线图。接线图中各电气元件图形与文字符号均与图 CW6132 车床电气原理图保持一致，但各电气元件位置则按电气元件在控制柜、控制板、操作台或操纵箱中的实际位置绘制。图中左方的点画线方框表示 CW6132 车床的电气控制柜、中间小方框表示照明灯控制板、右方小方框则表示机床运动操纵板。

电气控制柜内各电气元件可直接连接，而外部元器件与电气柜之间连接须经接线端子板进行，连接导线应注明导线根数、导线截面积等，一般不表示导线实际走线途径，施工时由操作者根据实际情况选择最佳走线方式。

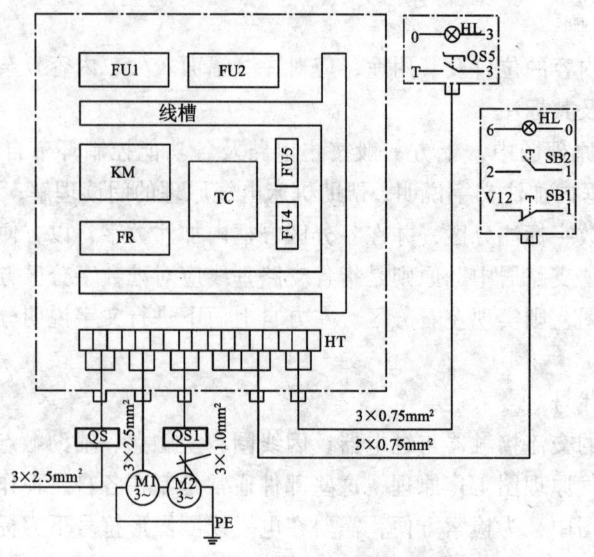

图 4-4 CW6132 车床电气互连接线图

三、C650 车床电气控制

图 4-5 是 C650 型卧式车床电气控制原理图。该车床共有 3 台电动机：M1 为主轴电动机，拖动主轴旋转并通过进给机构实现进给运动，主要有正转与反转控制、停车制动时快速停转、加工调整时点动操作等电气控制要求。M2 是冷却泵电动机，驱动冷却泵电动机对零件加工部位进行供液，电气控制要求是加工时启动供液，并能长期运转。M3 是快速移动电动机，拖动刀架快速移动，要求能够随时手动控制启动与停止。

1. 动力电路

（1）主电动机电路

① 电源引入与故障保护：三相交流电源 L1、L2、L3 经熔断器 FU 后，由 QS 隔离开关引入 C650 车床主电路。主电动机电路中，FU1 熔断器为短路保护环节，FR1 是热继电器加热元件，对电动机 M1 起过载保护作用。

② 主电动机正反转：KM1 与 KM2 分别为交流接触器 KM1 与 KM2 的主触点。根据电气控制基本知识分析可知， KM1 主触点闭合、KM2 主触点断开时，三相交流电源将分别接入电动机的 U1、V1、W1 三相绕组中，M1 主电动机将正转。反之，当 KM1 主触点断开、KM2 主触点闭合时，三相交流电源将分别接入 M1 主电动机的 W1、V1、U1 三相绕组中，与正转时相比，U1 与 W1 进行了换接，导致主电动机反转。

③ 主电动机全压与减压状态：当 KM3 主触点断开时，三相交流电源电流将流经限流电阻 R 而进入电动机绕组，电动机绕组电压将减小。如果 KM3 主触点闭合，则电源电流不经限流电阻而直接接入电动机绕组中，主电动机处于全压运转状态。

④ 绕组电流监控：电流表 A 在电动机 M1 主电路中起绕组电流监视作用，通过 TA 线圈空套在绕组一相的接线上，当该接线有电流流过时，将产生感应电流，通过这一感应电流间显示电动机绕组中当前电流值。其控制原理是当 KT 常闭延时断开触点闭合时，TA 产生的感应电流不经过 A 电流表，而一旦 KT 触点断开，A 电流表就可检测到电动机绕组中的电流。

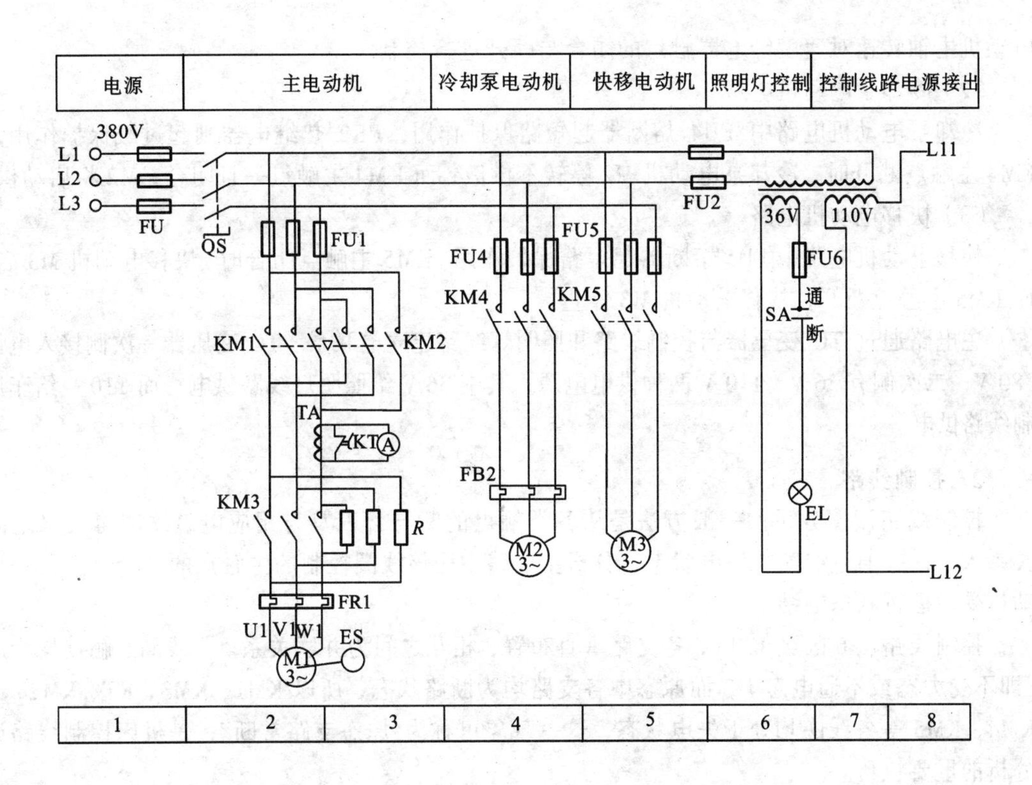

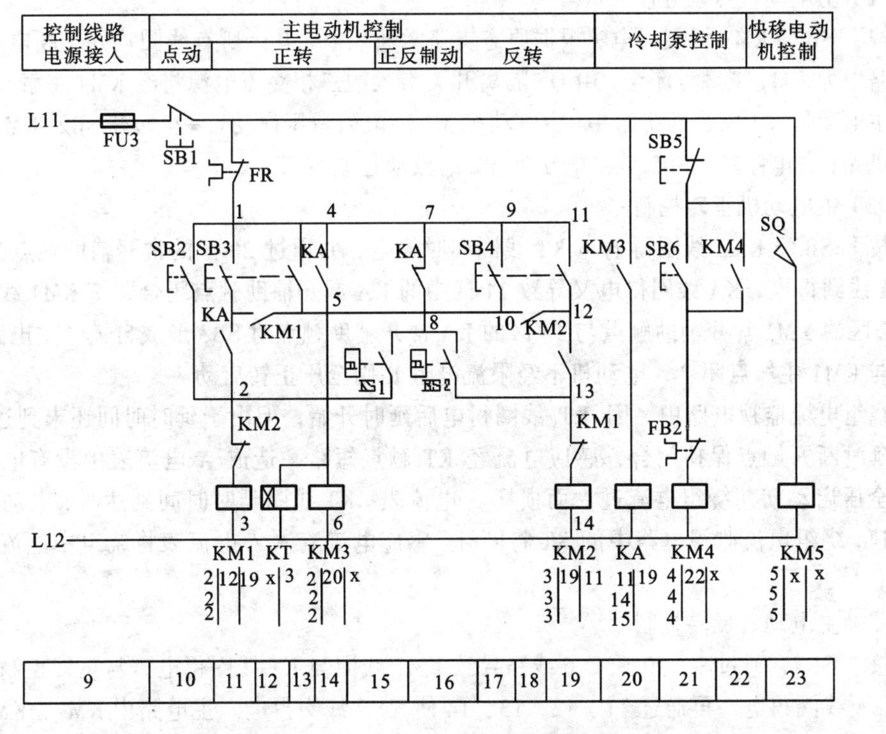

图 4-5　C650 型卧式车床电气控制线路

⑤ 电动机转速监控：KS 是和 M1 主电动机主轴同转安装的速度继电器检测元件，根据主

电动机主轴转速对速度继电器触点的闭合与断开进行控制。

（2）冷却泵电动机电路

冷却泵电动机电路中 FU4 熔断器起短路保护作用，FR2 热继电器则起过载保护作用。当 KM4 主触点断开时，冷却泵电动机 M2 停转不供液；而 KM4 主触点一旦闭合，M2 将启动供液。

（3）快移电动机电路

快移电动机电路中 FU5 熔断器起短路保护作用。KM5 主触点闭合时，快移电动机 M3 启动，而 KM5 主触点断开，快移电动机 M3 停止。

主电路通过 TC 变压器与控制线路和照明灯线路建立电联系。TC 变压器一次侧接入电压为 380 V，二次侧有 36 V、110 V 两种供电电源，其中 36 V 给照明灯线路供电，而 110 V 给车床控制线路供电。

2．控制线路

控制线路读图分析的一般方法是从各类触点的断与合以及与相应电磁线圈得失电之间的关系入手，并通过线圈得失电状态，分析主电路中受该线圈控制的主触点的断合状态，得出电动机受控运行状态的结论。

控制线路从 6 区至 17 区，各支路垂直布置，相互之间为并联关系。各线圈、触点均为原态（即不受力态或不通电态），而原态中各支路均为断路状态，所以 KM1、KM3、KT、KM2、KA、KM4、KM5 等各线圈均处于失电状态，这一现象可称为“原态支路常断”，是机床控制线路读图分析的重要技巧。

（1）主电动机点动控制

按下 SB2，KM1 线圈得电，根据原态支路常断现象，其余所有线圈均处于断电状态。因此，主电路中为 KM1 主触点闭合，由 QS 隔离开关引入的三相交流电源将经 KM1 主触点、限流电阻接入主电动机 M1 的三相绕组中，主电动机 M1 串电阻减压启动。一旦松开 SB2，KM1 线圈失电，电动机 M1 失电停转。SB2 是主电动机 M2 的点动控制按钮。

（2）主电动机正转控制

按下 SB3，KM3 线圈得电与 KT 线圈同时得电，并通过 20 区的常开辅助触点 KM3 闭合而使 KA 线圈得电，KA 线圈得电又导致 11 区中的 KA 常开辅助触点闭合，使 KM1 线圈得电。而 11~12 区的 KM1 常开辅助触点与 14 区的 KA 常开辅助触点对 SB3 形成自锁。主电路中 KM3 主触点与 KM1 主触点闭合，电动机不经限流电阻 R 则全压正转启动。

绕组电流监视电路中，因 KT 线圈得电后延时开始，但由于延时时间还未到达，所以 KT 常闭延时断开触点保持闭合，感应电流经 KT 触点短路，造成 A 电流表中没有电流通过，避免了全压启动初期绕组电流过大而损坏 A 电流表。KT 线圈延时时间到达时，电动机已接近额定转速，绕组电流监视电路中的 KT 将断开，感应电流流入 A 电流表将绕组中电流值显示在 A 表上。

（3）主电动机反转控制

按下 SB4，通过 9、10、5、6 线路导致 KM3 线圈与 KT 线圈得电，与正转控制相类似，20 区的 KA 线圈得电，再通过 11、12、13、14 使 KM2 线圈得电。主电路中 KM2、KM3 主触点闭合，电动机全压反转启动。KM1 线圈所在支路与 KM2 线圈所在支路通过 KM2 与 KM1 常闭触点实现电气控制互锁。

（4）主电动机反接制动控制

① 正转制动控制：KS2是速度继电器的正转控制触点，当电动机正转启动至接近额定转速时，KS2闭合并保持。制动时按下SB1，控制线路中所有电磁线圈都将失电，主电路中KM1、KM2、KM3主触点全部断开，电动机失电降速，但由于正转转动惯性，需较长时间才能降为零速。一旦松开SB1，则经1、7、8、KS2、13、14，使KM2线圈得电。主电路中KM2主触点闭合，三相电源电流经KM2使U1、W1两相换接，再经限流电阻R接入三相绕组中，在电动机转子上形成反转转矩，并与正转的惯性转矩相抵消，电动机迅速停车。

在电动机正转启动至额定转速，再从额定转速制动至停车的过程中，KS1反转控制触点始终不产生闭合动作，保持常开状态。

② 反转制动控制：KS1在电动机反转启动至接近额定转速时闭合并保持。与正转制动相类似，按下SB1，电动机失电降速。一旦松开SB1，则经1、7、8、KS1、2、3，使线圈KM1得电，电动机转子上形成正转转矩，并与反转的惯性转矩相抵消使电动机迅速停车。

（5）冷却泵电动机起停控制

按下SB6，线圈KM4得电，并通过KM4常开辅助触点对SB6自锁，主电路中KM4主触点闭合，冷却泵电动机M2转动并保持。按下SB5，KM4线圈失电，冷却泵电动机M2停转。

（6）快移电动机点动控制

行程开关由车床上的刀架手柄控制。转动刀架手柄，行程开关SQ将被压下而闭合，KM5线圈得电。主电路中KM5主触点闭合，驱动刀架快移的电动机M3启动。反向转动刀架手柄复位，SQ行程开关断开，则电动机M3断电停转。

（7）照明电路

灯开关SA置于闭合位置时，EL灯亮。SA置于断开位置时，EL灯灭。C650卧式车床电气原理图中电气元件符号及名称如表4-1所示。

表4-1 C650车床电气元件符号及名称

符　号	名　称	符　号	名　称
M1	主电动机	SB1	总停按钮
M2	冷却泵电动机	SB2	主电动机正向点动按钮
M3	快速移动电动机	SB3	主电动机正转按钮
KM1	主电动机正转接触器	SB4	主电动机反转按钮
KM2	主电动机反转接触器	SB5	冷却泵电动机停转按钮
KM3	短接限流电阻接触器	SB6	冷却泵电动机启动按钮
KM4	冷却泵电动机启动接触器	TC	控制变压器
KM5	快移电动机启动接触器	FU(1~6)	熔断器
KA	中间继电器	FR1	主电动机过载保护热继电器
KT	通电延时时间继电器	FR2	冷却泵电动机保护热继电器
SQ	快移电动机点动行程开关	R	限流电阻
SA	开关	EL	照明灯
KS	速度继电器	TA	电流互感器
A	电流表	QS	隔离开关

任务2　了解CA6140型车床的电气控制

车床是机械加工中应用最广泛的金属切削机床，而在各种车床中，使用最多的又是普通车床。CA6140是普通精度级车床，它的加工范围广、性能优越、结构先进、操作方便。

一、主要结构及运动形式

CA6140型普通车床主要由床身、主轴箱、进给箱、溜板箱、刀架、丝杠、光杠、尾架等部分组成，其外形如图4-6所示。其中，主轴箱的作用是使主轴获得不同级别的正反转转速，进给箱的作用是变换被加工螺纹的种类和导程，以获得所需的各种进给量，溜板箱的作用是将丝杠或光杠传来的旋转运动转变为直线运动等带动刀架进给。

CA6140型普通车床的主运动是卡盘的旋转运动；进给运动是刀架带动刀具的直线运动；辅助运动是车床上除切削运动以外的其他一切必需的运动，如尾架的纵向移动，工件的夹紧与放松等。

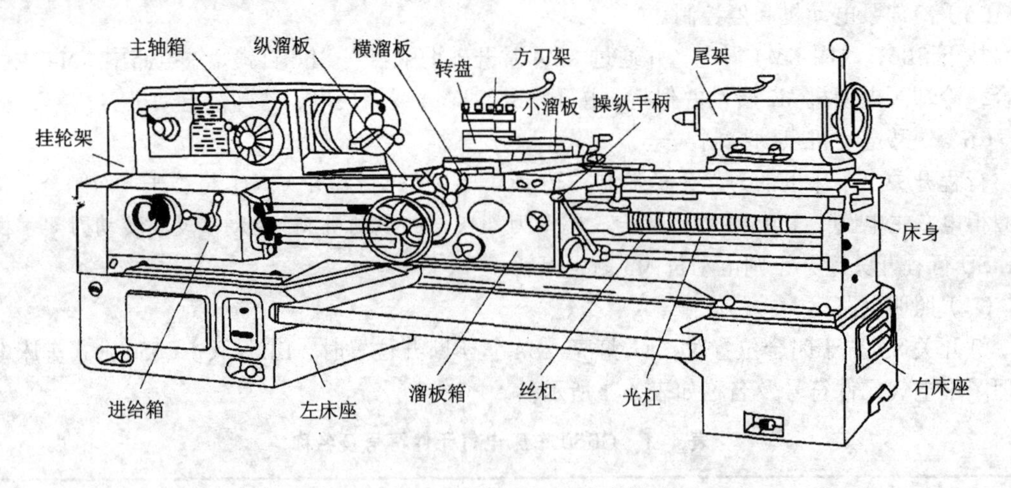

图4-6　CA6140型车床的外形结构图

二、电力拖动和控制特点

① 主运动和进给运动由一台主轴电动机拖动，一般选用三相笼形异步电动机，不进行电气调速。

② 主轴正反转由操作手柄通过双向多片摩擦离合器控制，制动采用机械制动，调速采用齿轮箱进行机械有级调速。为了减小振动，主轴电动机通过几条V带将动力传递到主轴箱。

③ 主轴电动机的启动与停止采用按钮操作。

④ 刀架的快速移动由一台电动机拖动，采用点动控制。

⑤ 冷却泵电动机要求在主轴电动机启动后，方可决定冷却泵开动与否，当主轴电动机停止时，冷却泵电动机应立即停止。

⑥ 具有安全的局部照明装置和过载、短路、欠压和失压保护。

三、CA6140型普通车床的电气控制电路分析

CA6140型普通车床的电气控制原理图如图4-7所示。为了便于检索的阅读，一般将机床

电气原理图分成若干个图区。电路图的顶部为用途区，按各电路的功能分区；电路图的底部为数字区，按各支路的排列顺序分区。接触器线圈和继电器线圈所驱动的触点在图中的位置均以简表的形式列于各线圈的图形符号下，其标记方法如表 4-2 和表 4-3 所示。

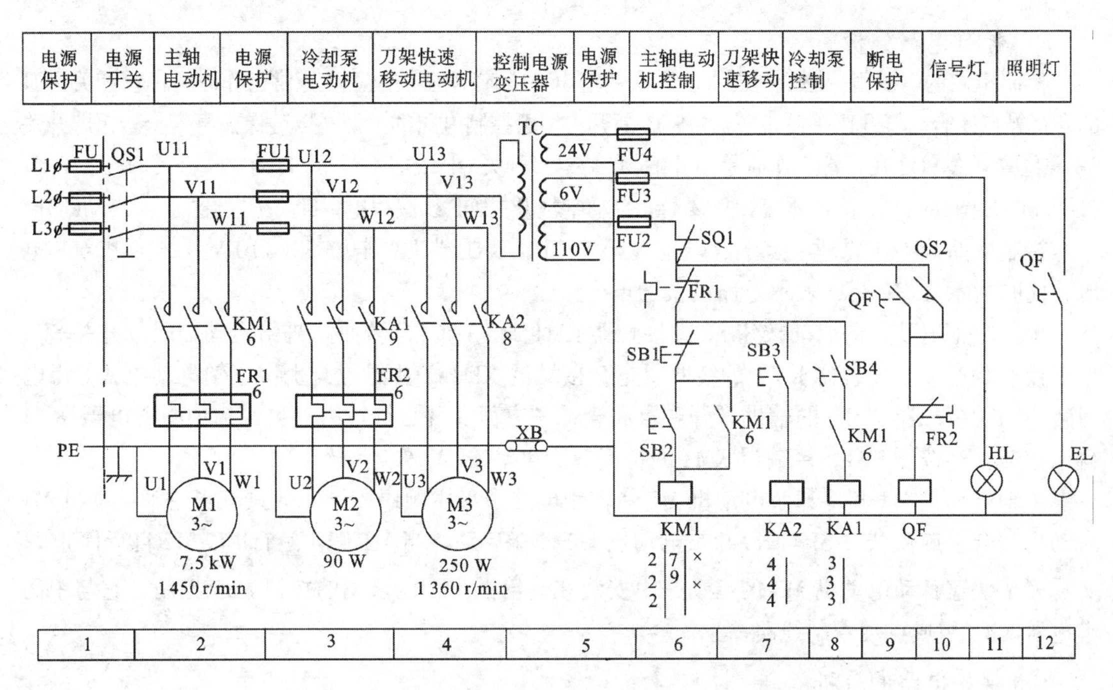

图 4-7　CA6140 型普通车床的电气控制原理图

表 4-2　接触器触点分区位置简表

栏　目	左　栏	中　栏	右　栏
触点类型	主触点所处的图区号	辅助常开触点所处的图区号	辅助常闭触点所处的图区号
举例 KM 2 │8 │ × 2 │10 │ × 2 │ │	表示 3 对主触点均在图区 2	表示 1 对辅助常开触点在图区 8，另 1 对辅助常开触点在图区 10	表示 2 对辅助常闭触点未用

表 4-3　继电器触点分区位置简表

栏　目	左　栏	右　栏
触点类型	常开触点所处的图区号	常闭触点所处的图区号
举例 KA2 4│ 4│ 4│	表示 3 对常开触点均在图区 4	表示常闭触点未用

1．主电路分析

主电路有 3 台电动机，M1 是主轴运动和进给运动的电动机；M2 是冷却泵电动机，实现刀具供给冷却液，使刀具在加工过程中得到冷却；M3 是刀架快速移动电动机。M1、M2 和 M3 分别由接触器 KM1 和中间继电器 KA1、KA2 控制。M1 与 M2 做长期工作，分别由热继电器 FR1 和 FR2 做过载保护，M3 做短时工作可不设过载保护。FU1 为冷却泵电动机 M2、快速移动电动机 M3、控制变压器 TC 的短路保护。自动空气开关 QF 中的电磁脱扣器对电路进行短路保护。

2．控制电路分析

控制电路的电源由控制变压器 TC 二次侧输出 110 V 电压供电。在正常工作时，位置开关 SQ1 的常开触点闭合。打开床头皮带罩后，SQ1 断开，切断控制电路的电源，以确保人身安全。钥匙开关 SB 和位置开关 SQ2 在正常工作时是断开的，自动空气开关 QF 线圈不得电，自动空气开关 QF 能合闸。打开配电盘壁龛门时，位置开关 SQ2 闭合，自动空气开关 QF 线圈得电，自动空气开关 QF 自动断开。

控制电路的工作原理：合上自动空气开关 QF，变压器 TC 副边输出 110 V、24 V 和 6 V 电压，此时指示灯 HL 亮，表示电路已接通电源。

按下主轴电动机的启动按钮 SB2，接触器 KM1 通电（正常进给时，进给运动的限位开关 SQ1 处于接通状态）。接触器 KM1 的线圈得电，接触器 KM1 的主触点合上，主轴电动机 M1 得电运转。同时接触器 KM1 的辅助常开触点闭合，一方面实现自锁，另一方面为中间继电器 KA1 得电作准备。按下 SB1，接触器 KM1 断电释放，电动机 M1 失电停转。

主轴电动机 M1 和冷却泵电动机 M2 在控制电路中采用顺序控制。即只有当主轴电动机 M1 启动后，合上旋钮开关 SB4，冷却泵电动机 M2 才能启动。当 M1 停止运行时，M2 自行停止。

刀架快速移动电动机 M3 的启动是由安装在进给操作手柄顶端的按钮 SB3 控制，它与中间继电器 KA2 组成点动控制线路。

3．保护电路的分析

位置开关 SQ1 为机床的进给限位保护，当进给超出极限时 SQ1 分断，控制电路断电，电动机 M1、M2 和 M3 停转。

4．照明及指示电路分析

EL 为车床的低压照明灯，其工作电压为 24 V，由变压器 TC 供给，由手动开关 SA 控制。HL 为电源信号灯，其工作电压为 6 V，也由变压器 TC 供给。HL 亮表示控制电路的电源工作正常，HL 不亮表示电源有故障。

四、CA6140 卧式车床电气故障及维修

CA6140 卧式车床在使用过程中，由于受到震动、受潮、高温、异物侵入、电动机负载及线路长期过载运行、启动频繁、安装质量低劣和调整不当等原因造成电气故障。

故障的查找过程为：扳下故障开关，根据故障现象在原理图上分析判断最小故障范围，然后分别用万用表电阻法、电压法测量查找故障线路。

例如：扳下开关 K1。

故障现象：机床不能启动，主轴电动机、冷却泵和快速启动电动机都不能启动，信号灯和照明灯都不亮。

故障范围：主轴电动机、冷却泵电动机、快速启动电动机、信号灯、照明灯 5 个电路的公共部分。确切地说应为 KM1、KA1、KA2、HL、EL 5 个用电器的公共部分——电源单元电路。查找范围：L1→QS→U11→FU1→U12→U13→TC→FU2→V12→FU1→V11→QS→L2→L1 及变压器 TC 次级线圈、0 号线。

排故方法：电压法、电阻法和短路法。常用的是电压法和电阻法，短路法在对电路原理极其熟悉的情况下可以使用。在检修时，一般几种方法交替使用。

电压法：测量变压器初级线圈，若 UTC = 0 V，说明故障在电源单元电路，再顺线路 L1→QS→U11→FU1→U12→U13→TC→FU2→V12→FU1→V11→QS→L2→L1 查找；若 U_{TC} = 380 V，说明故障在变压器次级线圈，查找测量 0 号线。接着用分阶测量法查找故障点。下面根据 CA6140 卧式车床电气列出故障查找和维修表，如表 4-4 所示。

表 4-4　电气故障查找和维修表

序号	故障开关	故障现象	查找原因	备注
1	K1	机床不能启动	主轴、冷却泵和快速移动电动机都不能启动，信号灯和照明灯都不亮	
2	K2	信号灯不亮	其他均正常	
3	K3	机床不能启动	主轴、冷却泵和快速移动电动机都不能启动	
4	K4	照明灯不亮	其他均正常	
5	K5	机床不能启动	主轴、冷却泵和快速移动电动机都不能启动	
6	K6	冷却泵、快速电动机不能启动	主轴电动机能工作	
7	K7	主轴电动机不能启动	冷却泵、快速电动机都能正常工作	
8	K8	主轴只能点动	按下 SB2，主轴只能点动	
9	K9	主轴电动机不能启动	按下 SB2 无任何反应	
10	K10	主轴电动机不能启动	按下 SB2 无任何反应	
11	K11	冷却泵电动机不能启动	按下 SA2 无任何反应	
12	K12	冷却泵电动机不能启动	按下 SA2 无任何反应	
13	K13	冷却泵电动机不能启动	按下 SA2 无任何反应	
14	K14	快速电动机不能启动	按下 SB3 无任何反应	
15	K15	快速电动机不能工作	按下 SB3、KM3 动作但电动机不转	

任务 3　了解 M7120 平面磨床的电气控制

磨床是用砂轮的周边或端面对工件进行磨削加工的精加工机床。磨床种类很多，有平面磨床、外圆磨床、内圆磨床、无心磨床及一些专用磨床（如螺纹磨床、齿轮磨床、球面磨床、花键磨床、轨道磨床和无心磨床等）。其中，以平面磨床应用最为普遍。平面磨床可分为下列几种基本类型：立轴矩台平面磨床、卧轴矩台平面磨床、立轴圆台平面磨床、卧轴圆台平面磨床。平面磨床是用砂轮来磨削工件的平面，它的磨削精度和粗糙度都比较高，是应用较普遍的一种机床。现以卧轴矩台平面磨床 M7120（见图 4-8）为例进行介绍。

一、M7120 型平面磨床的电气控制线路

M7120 型平面磨床的电气控制线路如图 4-9 所示。M7120 型平面磨床的主线路有 4 台电动机，M1 为液压泵电动机，它在工作中起到工作台往复运动的作用；M2 为砂轮电动机，可带动砂轮旋转起磨削加工工件作用；M3 是冷却泵电动机，为电动机做辅助工作，为砂轮磨削工作起冷却作用；M4 为砂轮机升降电动机，用于调整砂轮与工作件的位置。M1、M2 及 M3 电动机在工作中只要求正转，其中对冷却泵电动机还要求在砂轮电动机转动工作后才能使它工作，否则没有意义。对升降电动机要求它正反方向均能旋转。

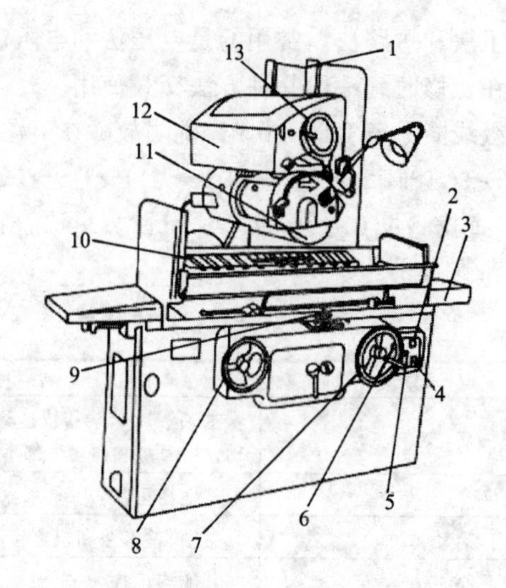

图 4-8　卧轴矩台平面磨床 M7120

1—立柱导轨　2—砂轮启动按钮　3—工作台　4—停止按钮　5—电磁吸盘按钮
6—液压泵电动机启停按钮　7—砂轮垂直进给手轮　8—工作台移动手轮
9—液压换向开关　10—电磁吸盘　11—砂轮　12—砂轮箱　13—砂轮纵向进给手柄

控制线路对 M1、M2、M3 电动机有过载保护和欠压保护能力，由热继电器 FR1、FR2、FR3 和欠压继电器完成保护，而 4 台电动机短路保护则需 FU1 做短路保护。电磁工作台控制线路首先由变压器 TC 进行变压后，再经整流提供 110 V 的直流电压，供电磁工作台用，它的保护线路是由欠压继电器、放电电容和电阻组成。

线路中的照明灯电路是由变压器提供 36V 电压，由低压灯泡进行照明。另外，还有 5 个指示灯：HL1 亮证明工作台通入电源；HL2 亮表示液压泵电动机已运行；HL3 亮表示砂轮机电动机及冷却泵电动机已工作；HL4 和 HL5 亮表示升降电动机工作；HL6 和 HL7 亮表示电磁吸盘工作；HL8 亮表示照明灯开。

M7120 型平面磨床的工作原理是，当电源 380 V 正常通入磨床后，线路无故障时，欠压继电器动作，其常开触点 KA 闭合，为 KM1、KM2 接触器吸合做好准备，当按下 SB2 按钮后，接触器 KM1 的线圈得电吸合，液压泵电动机开始运转，由于接触器 KM1 的吸合，自锁点自锁使 M1 电动机在松开按钮后继续运行，如工作完毕按下停止按钮 SB1，KM1 失电释放，M1 便停止运行。

如需砂轮电动机以及冷却泵电动机工作时，按下按钮 SB4 后，接触器 KM2 便得电吸合，此时砂轮机和冷却泵电动机可同时工作，正向运转。停车时只需按下停止按钮 SB3，即可使这两台电动机停止工作。

在工作中，如果需操作升降电动机做升降运动时，按下点动按钮 SB5 或 SB6 即可升降；停止升降时，只要松开按钮即可停止工作。

如需操作电磁工作台时，把工件放在工作台上，按下按钮 SB8 后接触器 KM5 吸合，从而把直流电 110 V 电压接入工作台内部线圈中，使磁通与工件形成封闭回路，因此就把工件牢牢地吸住，以便对工件进行加工。当按下 SB7 后，电磁工作台便失去吸力。有时其本身存在剩磁，为了去磁可按下按钮 SB9，使接触器 KM6 得电吸合，把反向直流电通入工作台，进行退磁，待退完磁后松开 SB9 按钮即可将工件拿出。

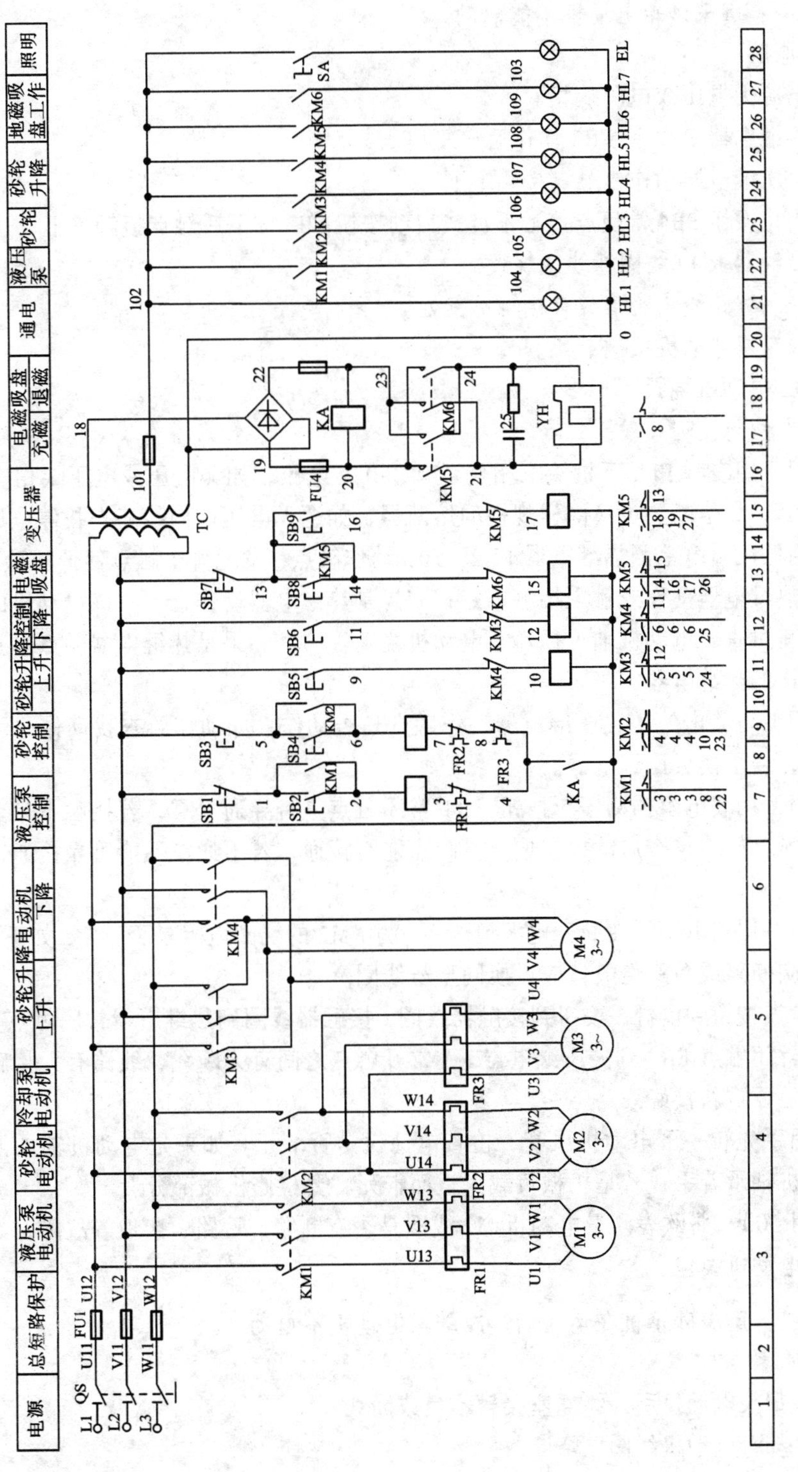

图 4-9　M7120 型平面磨床的线路原理图

二、M7120型平面磨床的常见故障及检修方法

故障一：磨床砂轮电动机不能启动。

可能原因：

① 电源无电压或电压缺相。

② 热继电器 FR2 和 FR3 动作后未复位。

③ 欠压继电器动作或触点接触不上。

④ 停止按钮 SB4 常闭点接触不良或启动按钮 SB3 按下后触点接触不上。

⑤ 接触器 KM2 线圈断线或烧毁。

⑥ 控制线路线头脱落或有接触不良处。

⑦ 砂轮机电动机机械卡死。

⑧ M2 电动机烧毁。

检修方法与技巧：

① 用万用表测 FU1 下桩头三相是否有 380 V 电压，如无电压或电压缺相应检查 FU1 哪只熔断器熔断，如熔断要更换同样规格的熔断器，如全无电压应向线路查找停电原因。

② 用低压验电笔测热继电器 FR2、FR3 动作触点，发现哪个触点使低压验电笔发光微弱，则说明该热继电器动作或触点接触不好；如果是热继电器动作，要查该电动机的过载原因（如电动机负荷过重、电动机轴承损坏、电动机烧毁等）。如果是热继电器触点本身接触不良，要更换同规格的热继电器。

③ 用低压验电笔测欠压继电器动作触点是否动作，如动作要查找动作原因，如触点本身接触不良，要更换欠压继电器。

④ 用万用表电阻挡测停止按钮 SB4 常闭触点是否导通可靠，若接触不良要更换同型号按钮；如接触良好，再查启动按钮按下时触点能否接通，若不通或不能可靠接通，应更换同型号按钮开关。

⑤ 用万用表电阻挡在断开电源情况下，测 KM2 的线圈电阻是否正常，如不通或电阻过小，说明该线圈断路或短路烧毁，应更换同型号线圈。

⑥ 检查按钮到电源、按钮到接触器线圈、接触器线圈到热继电器常闭触点 FR2、FR3 以及热继电器常闭触点 FR3 到欠压继电器 KA 常开触点之间有无断线，线路有无接触不良处，查出接触不良处要重新接好线路。

⑦ 用手先转一下电动机风叶，检查电动机是否卡死。如果是电动机轴承损坏卡死，要从更换电动机轴承着手；若是机械负载太重而卡死，要检修机械部分。

⑧ 用 500 V 兆欧表测量电动机 M2 线圈是否有断路、短路、接地等故障，如查出电动机烧毁要更换电动机线包。

故障二：磨床砂轮机在运转后，冷却泵电动机不启动。

可能原因：

① 冷却泵电动机引入线插座接触不良或断线。

② 冷却泵电动机线圈已烧断。

检修方法与技巧：

① 断开电源检查插座 X1 与插头的接触处，太松要重新夹紧插座，插座与插头中间有氧化

物要清除氧化物并重新连接好。

② 用 500 V 兆欧表测冷却泵电动机线圈，如果断路时，要打开电动机检查线包，如线头烧断要重新焊接，并加强绝缘处理；如果电动机烧毁，要重新绕制电动机线包。

故障三：升降磨头电动机不能工作运转。

可能原因：

① 控制回路有线头脱落或断线处。

② 升降电动机卡死。

③ 升降电动机线圈烧毁。

检修方法与技巧：

① 检查控制回路各个连接线头是否有松脱断线处，查出后，要重新接好控制线路。

② 检查升降机电动机是否机械卡死，若转不动或机械卡死要清除障碍物，或从机械方面着手修复。

③ 用 500 V 兆欧表对升降电动机绕组进行测量，如果线圈烧断或接地，要打开电动机检查损坏情况，能局部修复的要局部修复，若线包烧毁则要重新绕制线包。

故障四：升降电动机只能上升而不能下降，或只能下降而不能上升。

可能原因：

① 点动按钮 SB5 或 SB6 按下后接点接触不良。

② 接触器 KM3 或 KM4 互锁辅助触点接触不良或未复位。

③ 接触器线圈 KM3 或 KM4 断路或烧毁。

检修方法与技巧：

① 用万用表电阻挡在断开磨床电源情况下，测 SB5 或 SB6 按钮按下后是否通路并接触可靠，若损坏或接触不良要更换 SB5 或者 SB6。

② 检查升降电动机的接触器，是否两只接触器都能在不工作时复位，若一只接触器机械卡死或触点发生轻微熔焊时不能复位，则对方互锁常闭点就不能闭合，从而使电动机无法做反方向运转。要用低压验电笔测对方的互锁常闭触点是否接通，如果查出不通时要找出原因，若发生熔焊要分开触点；若机械机构不灵活，要更换同型号的接触器；若是互锁触点接触不良，可用两根导线并接该接触器的另一组常闭触点，使其接触可靠。

③ 检查接触器 KM3 或 KM4 线圈接线，若线头脱落要重新接好。若线路完好，要用万用表在断开电源的情况下测接触器 KM3 或 KM4 的线圈是否断路或短路烧毁，测出线圈损坏要更换线圈或接触器。

故障五：磨床液压泵电动机不能启动。

可能原因：

① 电源无电压或熔断器 FU1 熔断数相。

② 欠压继电器 KA 触点接触不良。

③ 热继电器 FR1 动作或接触不良。

④ 控制按钮 SB1 或 SB2 接触不良或控制线路断线。

⑤ 接触器 KM1 线圈烧毁或接触器动作机构不灵活、卡死。

⑥ 液压泵电动机负载卡死。

⑦ 液压泵电动机线圈烧坏。

检修方法与技巧：

① 用低压验电笔测熔断器 FU1 下桩头有无电压，若无电压应向线路查找原因，若一相有电压或两相有电压要更换熔断器 FU1 的保险。

② 检查欠压继电器 KA 触点是否接触不良，可用低压验电笔在控制回路通入电源的情况下，测两接点发亮效果是否一样，若不一样则说明 KA 接触不良，应更换 KA。

③ 用低压验电笔测热继电器 FR1 动作触点是否动作或接触不良，如已动作要从电动机过载查起，然后再复位，若接触不良要更换热继电器。

④ 用万用表测 SB2 启动按钮常开点或 SB1 停止按钮常闭点是否接触可靠，若接触不良，应更换按钮或把启动按钮做停止按钮使用；若按钮无接触不良处，要从控制线路查起，找出断线或接触不良处加以处理，重新连接好控制线路。

⑤ 用万用表在磨床断电的情况下测接触器线圈，若线圈电阻阻值过小或不通，要更换线圈；如果线圈完好，要查接触器动作机构是否卡死不灵，这时可打开接触器灭弧盖，用螺丝刀柄在断开电源的情况下人为使接触器闭合几次，若查出动作机构不灵活，要更换新接触器。

⑥ 用手转动一下该电动机风叶，若查出机械卡死，要解决机械方面问题。

⑦ 用 500 V 兆欧表测液压泵电动机线圈对地以及三相是否短路接地，若线圈烧毁要更换电动机。

故障六：磨床电磁工作台操作后不工作，接触器不吸合。

可能原因：

① 控制按钮的启动按钮 SB8 和停止按钮 SB7 触点接触不良。

② 控制线路有断线处或接头有松脱现象。

③ 接触器 KM5 线圈断线或烧断，接触器动作不灵活。

④ 互锁辅助触点 KM6 常闭触点未闭合好或接触不良。

检修方法与技巧：

① 用万用表在断开磨床电源的情况下，测停止按钮 SB7 两接点能否在常规下可靠接通，如不通要更换按钮。另外，也可在按下 SB8 后测该按钮两接点是否能可靠接通，如不通要更换启动按钮。

② 检查 L2、L3 电源控制线路和 SB8、SB7、KM6 辅助互锁点，以及 KM5 线圈各接头是否松动脱落，如松动脱落，要重新接好。

③ 用万用表在断开控制电源的情况下，测 KM5 接触器线圈电阻，判断是否断路或短路烧坏，若有断路或短路时，要更换同型号线圈；如无备用线圈，可更换 KM5 接触器。如果线圈正常，应检查接触器主接点是否完好，并检查一下动作机构是否灵活，如卡死或不灵活，也需更换新接触器。

④ 用万用表在断电的情况下测与 KM5 接触器线圈串接的 KM6 接触器的辅助常闭接点，若接点不通应检查 KM6 接触器是否触点熔焊不能释放，或辅助触点太脏里面有杂质接触不良。若接触器释放不到位要更换 KM6 接触器；若接触器辅助触点 KM6 常闭互锁点太脏接触不良，可并接另一组 KM6 常闭互锁点来解决。

故障七：磨床电磁工作台无直流电压输出。

可能原因：

① 控制变压器 T1 接线端接线松脱或烧断。

② 控制变压器 T1 初级线圈或次级线圈烧毁。

③ 桥式整流二极管击穿或烧断损坏。

④ 熔断器 FU4 熔断或接触不良。

⑤ 放电电容短路或电阻损坏。

检修方法与技巧：

① 检查控制变压器 T1 接线头有无松动烧毁，所接电源是否正常，如线头有松动烧断，要断开电源重新接好。

② 如果用万用表测控制变压器输入为 380 V，输出无电压，或变压器通入工作电压烧毁冒烟时（注意负载不能短路），表明控制变压器已烧坏，要更换变压器。

③ 用万用表测桥式整流电路的各个二极管的正反向电阻，若电阻为零或无穷大或无明显的正反向电阻差异，可判断二极管损坏，要更换同型号的整流二极管。

④ 检查 FU4 是否熔断，如熔断时要首先检查负荷端有无短路故障（如接触器换接正负极时短路、电容损坏、线路和电磁铁线圈短路），短路时更换损坏器件，然后换 FU4 熔断器。

⑤ 用万用表在断开电源的情况下测量电容和电阻，如短路、断路、损坏时，要更换同型号、同功率的电阻或同耐压同容量的电容。

故障八：磨床电磁铁工作台工作，但不能退磁。

可能原因：

① 按钮 SB9 按下后不能闭合。

② 接触器 KM6 线圈的互锁点 KM5 常闭点未闭合。

③ 接触器 KM6 线圈断路烧毁或机械卡死。

检修方法与技巧：

① 用万用表在断开磨床电源的情况下测按钮 SB9 常开点，按下按钮观察能否接通，如接点接不通线路，应更换按钮 SB9。

② 用万用表测一下接触器 KM5 互锁接点是否通路，如不通应检查一下接触器 KM5 机械上是否完全复位，不复位时应查触点是否熔焊或机械动作不灵活，根据具体情况修复或更换接触器 KM5。如果是 KM5 互锁点接触不良，也可采取擦磨小辅助接点方法解决接触不良问题；如有多余的 KM5 常闭辅助触点，可采取并接方法增加接点接触的可靠性。

③ 用晚用表测接触器 KM6 线圈是否短路、短路或烧毁。如线圈损毁，要更换同型号线圈；如线圈完好，要检查 KM6 接触器主触点以及动作机构，若不灵活要更换接触器 KM6。

故障九：工作台有直流电压输出，但电磁吸盘不工作。

可能原因：

① 电磁工作台插座 X2 线路断线，插座接触不良或松脱。

② 电磁工作台线圈烧毁。

检修方法与技巧：

① 用万用表直流电压挡测工作台插座 X2 电压是否正常，如正常说明前端工作线路能工

作，故障主要在后端。再检查插头与插座是否接触不良，修整插头与插座的接触。如插头、插座接触良好，要查线路是否断线，有断线处要接好。

② 用万用表测插座 X2，如有正常的直流电压，插头插座接触良好无断线处，那么应查电磁工作台线圈是否断路或匝间短路烧毁。用万用表测电磁吸盘线圈，若有断路或阻值比正常小，说明电磁工作台线圈烧毁，这时要更换同型号的电磁工作台线圈。

故障十：磨床低压照明灯在操作后不亮。

可能原因：

① 照明变压器 T2 初级或次级断路或匝间短路烧毁。

② 照明变压器次级 FU2 熔断。

③ 开关 S 接触不良或不能接通。

④ 照明灯座线脱落断线或灯座舌头接触不上灯泡。

⑤ 照明低压灯泡烧毁。

检修方法与技巧：

① 用万用表电阻挡在断开磨床电源情况下测照明变压器 T2 初级与次级线圈的电阻，若有断路或电阻很小，说明线圈已断路或匝间短路，要更换照明变压器 T2。

② 检查照明变压器的 FU2 是否熔断，如熔断要更换同型号的熔断器；同时，要查明是否次级线路到灯泡各处有短路点，如果有应首先处理短路点故障后再通电工作。

③ 修理照明开关 S，若损坏严重要更换开关。

④ 重点检查变压器输出端到照明灯泡各处线路有无断线点，如灯座接线和灯座铜舌头是否未与灯泡接触等，如断线要接通断线，或者用小电笔尖把灯座舌头向外勾出些，使灯座与灯泡接触可靠。

⑤ 把低压照明灯泡取下，用万用表电阻挡测灯丝是否断路，若灯丝断路，要更换灯泡；若灯泡冒白烟，也需要更新低压照明灯泡。

故障十一：磨床指示灯不亮或某指示灯不亮。

可能原因：

① 照明变压器次级烧断或有匝间短路点。

② 熔断器 FU3 烧断。

③ 指示灯泡 HL、HL1、HL2、HL3、HL4 中某灯泡烧坏。

④ 接触器 KM1、KM2、KM3、KM4、KM5、KM6 中某辅助常开点不能接通相对应的指示灯。

检修方法与技巧：

① 用万用表测照明变压器次级是否断路或匝间短路。也可以测量电压来判定，若初级电压正常，次级无输出电压，则说明变压器损坏，要及时更换。

② 检查 FU3 是否烧断，若烧断应更换，并着重检查是否次级指示线路有短路现象，如查出短路点，要先进行处理后再通电工作。

③ 用万用表电阻挡去测不亮的指示灯泡是否烧断，若灯丝烧断要更换灯泡。

④ 如某指示灯泡不亮但灯泡完好，要查它本身对应的控制辅助常开点，查接触器 KM1、KM2、KM3、KM4、KM5 或 KM6 等辅助触点，查出接触不良时，要进行修复。

任务4 了解Z3040摇臂钻床的电气控制

钻床是一种孔加工机床，可用来钻孔、扩孔、铰孔、攻螺纹及修刮端面等多种形式的加工。

钻床的结构型式很多，有立式钻床、卧式钻床、深孔钻床及多轴钻床等。摇臂钻床是一种立式钻床，它适用于单件或批量生产中带有多孔大型零件的孔加工，是一般机械加工车间常用的机床。

一、Z3040摇臂钻床的结构

Z3040摇臂钻床的结构如图4-10所示。

摇臂钻床主要由底座、内立柱、外立柱、摇臂、主轴箱、工作台等组成。内立柱固定在底座上，在它外面空套着外立柱，外立柱可绕着不动的内立柱回转一周。摇臂一端的套筒部分与外立柱滑动配合，借助于丝杆，摇臂可沿着外立柱上下移动，但两者不能作相对转动，因此，摇臂只与外立柱一起相对内立柱回转。主轴箱是一个复合部件，它由主轴电动机、主轴和主轴传动机构、进给和变速机构等部分组成。主轴箱安装在摇臂水平导轨上，它可借助手轮操作使其在水平导轨上沿摇臂作径向运动。当进行加工时，由特殊的夹紧装置将主轴箱紧固在摇臂导轨上，外立柱紧固在内立柱上，摇臂紧固在外立柱上，然后进行转削加工。转削加工时，钻头旋转进行切削，同时进行纵向进给。可见摇臂钻床的主运动为主轴带着钻头的旋转运动；辅助运动有摇臂连同外立柱围绕着内力柱的回转运动，摇臂在外力柱上的上升、下降运动，主轴箱在摇臂上的左右运动等；而主轴的前进移动是机床的进给运动。

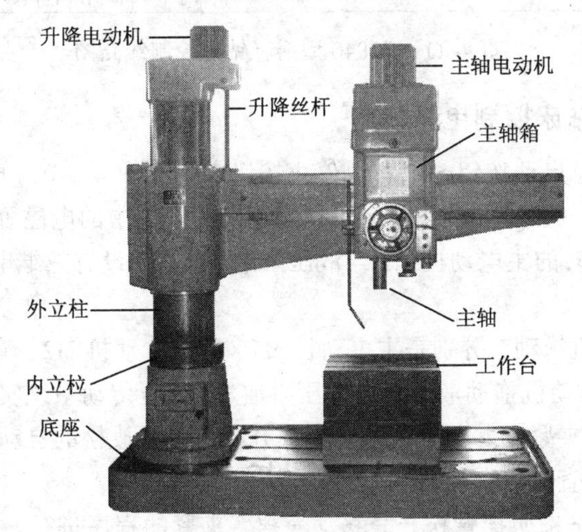

图4-10 Z3040摇臂钻床的结构

由于摇臂钻床的运动部件较多，为简化钻床的装置，常采用多电动机拖动。通常设有主电动机、摇臂升降电动机、夹紧放松电动机及冷却水泵电动机。主轴变速机构和进给变速机构都装在主轴箱里，所以主运动与进给运动由一台笼形异步电动机拖动。

摇臂钻床加工螺纹时，主轴需要正反转，摇臂钻床主轴的正反转一般用机械方法变换，主轴电动机只做单方向旋转。

为适应各种形式的加工，钻床的主运动与机构运动要有较大的调速范围。以Z3040型摇臂钻床为例，其主轴的最低转速为 40 r/min，最高转速为 2 000 r/min，调速范围达 50 倍。图 4-11 所示为 Z3040 型摇臂钻床控制线路图，下面分析 Z3040 型摇臂钻床的电气控制。

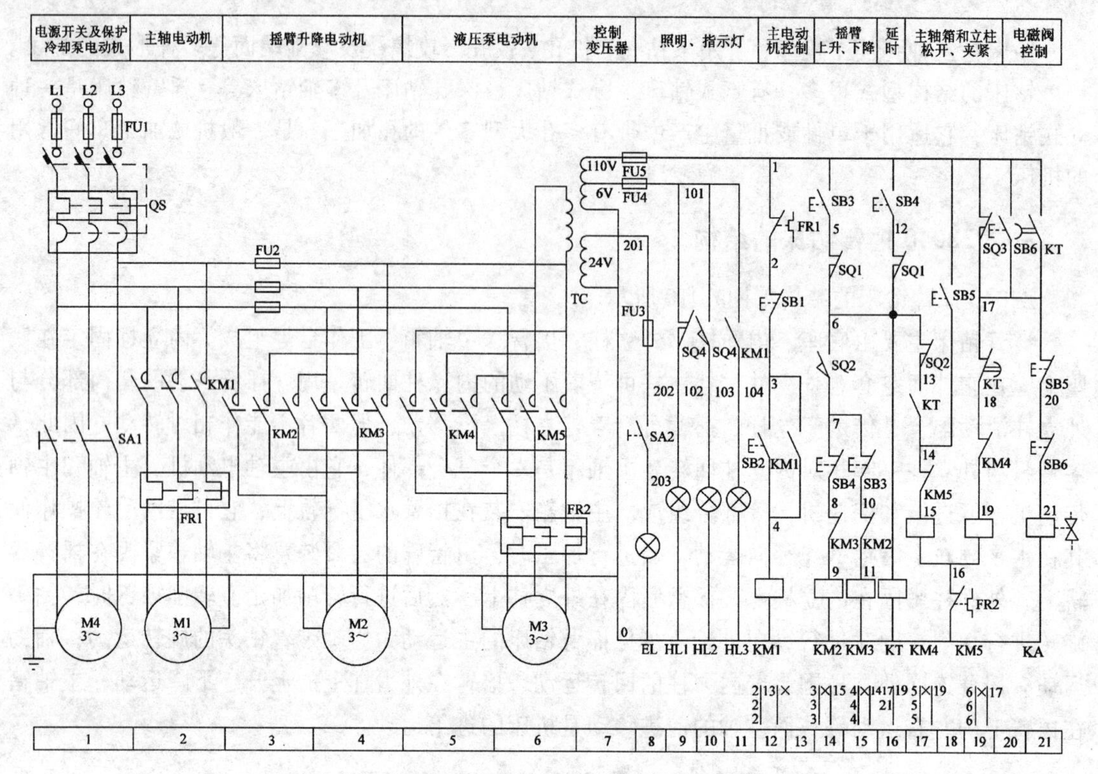

图 4-11　Z3040 型摇臂钻床控制线路图

二、Z3040 摇臂钻床控制电路特点

① 控制电路设有总启动按钮 SB2 和总停止按钮 SB8(见图 4-10)，便于操纵和紧急停车。

② 主电路由隔离开关 QS 进行保护。可以采用隔离开关中的电磁脱扣作为短路保护，从而取代了熔断器。长期运转的主电动机 M1 与液压泵电动机 M3 设有热继电器 FR1、FR2 作长期过载保护。

③ 采用 4 台电动机拖动，分别是主电动机 M1、升降电动机 M2、液压泵电动机 M3 及冷却泵电动机 M4。液压泵电动机拖动液压泵供应压力油，经液压传动系统实现立柱与主轴箱的放松与夹紧及一般的放松与夹紧，并与电气配合实现升降与夹紧放松的自动控制。由于这 4 台电动机容量较小，故均采用直接启动控制。

④ 摇臂的移动严格按照摇臂松开→移动→摇臂夹紧的程序进行。为此，要求具有夹紧放松作用的液压泵电动机 M3 与摇臂升降电动机 M2 按一定顺序启动工作，由摇臂松开行程开关 SQ2 与夹紧行程开关 SQ5 发出控制信号进行控制。

⑤ 机床具有信号指示装置，对机床的每一主要动作作出显示，这样便于操作和维修。其中 HL1 为电源指示灯；HL2 为立柱与主轴箱松开指示灯；HL3 为立柱与主轴箱夹紧指示灯；HL4 为主轴电动机旋转指示灯。

⑥ 摇臂的夹紧放松与摇臂升降按自动控制进行，而立柱和主轴箱的夹紧放松可以单独操作，也可以同时进行，由按钮 SB5 或 SB6 控制。

三、Z3040 摇臂钻床电气控制线路的动作原理

① 开车前的准备。首先将隔离开关接通，同时将电气控制箱门关好，然后将电源引入开关 QS 板到“接通”位置，引入三相交流电源，此时总电源指示灯 HL1 亮，表示机床电气电路已进入带电状态。

② 主电动机的控制。主轴电动机 M1 由启动、停止按钮 SB2、SB8 和接触器 KM1 构成电动机单方向旋转控制电路。当 KM1 线圈通电吸合，M1 启动旋转时，主电动机启动指示灯 HL4 亮，当 M1 停转时，HL4 灭。

③ 摇臂升降控制。摇臂的移动必须先将摇臂松开，再移动，移动到位后摇臂自动夹紧。因此，摇臂移动过程是对液压泵电动机 M3 和摇臂升降电动机 M2 按一定程序进行自动控制的过程。下面以摇臂上升为例进行说明。

按下摇臂上升按钮 SB3，时间继电器 KT1 线圈通电吸合。触点 KT1 闭合，使接触器 KM4 通电吸合，其主触点闭合，接通电源使液压泵电动机 M3 正向旋转，供出液压油。压力油经分配阀进入摇臂的松开油腔，推动活塞移动，活塞推动菱形块，将摇臂松开。同时，活塞杆通过弹簧片压动行程开关 SQ2，使其触点 SQ2 断开，使 KM4 线圈断电释放；另一触点 SQ2 闭合，使 KM2 线圈通电吸合。前者使液压泵电动机 M3 停止转动，后者使摇臂升降电动机 M2 启动正向旋转，带动摇臂上升移动。

当摇臂上升到所需位置时，松开摇臂上升按钮 SB3，接触器 KM2 和时间继电器 KT1 线圈同时断电释放，摇臂升降电动机 M2 停止，摇臂停止上升。但时间继电器 KT1 为断电延时型，所以在摇臂停止上升后 1 ~ 3 s，其延时闭合触点 KT1 闭合，接触器 KM5 线圈才通电吸合，使液压泵电动机 M3 通电反向旋转，供出压力油经分配阀进入摇臂的夹紧油腔，经夹紧机构将摇臂夹紧，在摇臂夹紧的同时，活塞杆通过弹簧片使行程开关 SQ5 压下，触点 SQ5 断开，切断接触器 KM5 的线圈电路，KM5 断电释放，液压泵电动机停止转动，完成了摇臂先松开、后移动、再夹紧的整套动作。

摇臂的下降控制过程与上升相似，大家可以自行分析。

摇臂升降电动机的正反转接触器 KM2、KM3 采用电气与机械的双重互锁，确保电路的安全工作。由于摇臂的上升与下降是短时间的调整操作，所以这样点动控制方式。

行程开关 SQ1 与 SQ5 常闭触点分别串接在按钮 SB3、SB4 常开按钮之后，起摇臂上升与下降的限位保护。

④ 立柱与主轴箱松开与夹紧的控制。立柱和主轴箱的松开与夹紧既可以同时进行又可以单独进行，由按钮 SB5 或 SB6 控制。

四、Z3040 摇臂钻床的运行故障与维修

① 升降电动机 M2 不能启动。首先检查电源开关 QSl、汇流环 YG 是否正常。其次，检查十字开关 SA 的触点、接触器 KMl 和中间继电器 KA 的触点接触是否良好。若中间继电器 KA 的自锁触点接触不良，则将十字开关 SA 扳到左边位置时，中间继电器 KA 吸合，然后再扳到右边位置时，KA 线圈将断电释放；若十字开关 SA 的触点(3-4)接触不良，当将十字开关 SA 手柄扳到左面位置时，中间继电器 KA 吸合，然后再扳到右面位置时，继电器 KA 仍吸合，但接触器 KMl 不动作；若十字开关 SA 触点接触良好，而接触器 KMl 的主触点接触不良时，当扳动十

字开关手柄后，接触器 KMl 线圈获电吸合，但主轴电动机 M2 仍然不能启动。此外，连接各电器元件的导线开路或脱落，也会使升降电动机 M2 不能启动。

② 升降电动机 M2 不能停止。当把十字开关 SA 的手柄扳到中间位置时，主轴电动机 M2 仍不能停止运转，其故障原因是接触器 KMl 主触点熔焊或十字开关 SA 的右边位置开关失控。出现这种情况，应立即切断电源开关 QSl，电动机才能停转。若触点熔焊需更换同规格的触点或接触器时，必须先查明触点熔焊的原因并排除故障后进行；若十字开关 SA 失控，应重新调整或更换开关，同时查明失控原因。

③ 摇臂升降、松紧线路的故障。Z37 摇臂钻床的升降和松紧装置由电气和机械机构相互配合，实现放松-上升(下降)-夹紧的半自动工作顺序控制。在维修时不但要检查电气部分，还必须检查机械部分是否正常。

④ 主轴箱和立柱的松紧故障 。由于主轴箱和立柱的夹紧与放松是通过电动机 M4 配合液压装置来完成的，所以若电动机 M4 不能启动或不能停止时，应检查接触器 KM4 和 KM5、位置开关 SQ3 的接线是否可靠，有无接触不良或脱落等现象，触点接触是否良好，有无移位或熔焊现象。同时还要配合机械液压协调处理。

任务 5　了解 T68 型卧式镗床的电气控制

镗床是一种精密加工机床，主要用于加工精确度高的圆孔，以及各孔间距离要求较为精确的零件，例如一些箱体零件如机床变速箱、主轴箱等，往往需要加工数个尺寸不同的孔，这些孔尺寸大，精度要求高，且孔的轴心线之间有严格的同轴度、垂直度、平行度与距离的精确性等要求，这些都是钻床难以胜任的。由于镗床本身刚性好，其可动部分在导轨上活动间隙很小，且有附加支承，故能满足要求。

镗床除镗孔外，在万能镗床上还可以进行钻孔、铰孔、扩孔；用镗轴或平旋盘铣削平面，加上车螺纹附件后，还可以车削螺纹；装上平旋盘刀架可加工大的孔径、端面和外圆。因此，镗床工艺范围大、调速范围大、动作方位多。

按用途不同，镗床可分为卧式镗床、立式镗床、坐标镗床、金刚镗床和专门化镗床等。下面介绍常用的卧式镗床。

一、卧式镗床的结构、运动形式和拖动特点

卧式镗床的结构如图 4-12 所示，主要由床身、前立柱、镗头架、后立柱、尾座、下溜板和工作台等部件组成。床身是一个整体的铸件，在它的一端固定有前立柱，在前立柱的垂直导轨装有镗头架，并由悬挂在前立柱空心部分内的对重来平衡，可沿导轨垂直移动。镗头架上装有主轴部分、主轴变速箱、进给箱与操纵机构等部件。切削刀具固定在镗轴前端的锥形孔里，或者在平旋盘的刀具溜板上。在工作过程中，镗轴一面旋转，一面沿轴向作进给运动。平旋盘只能旋转，装在其上面的刀具溜板作径向进给运动。平旋盘主轴为空心轴，镗轴穿过其中空部分，经由各自的传动链传动。因此，镗轴与平旋盘可独自旋转，也可以不同转速同时旋转，但一般情况下大都使用镗轴，只有用车刀切削端面时才使用平旋盘。

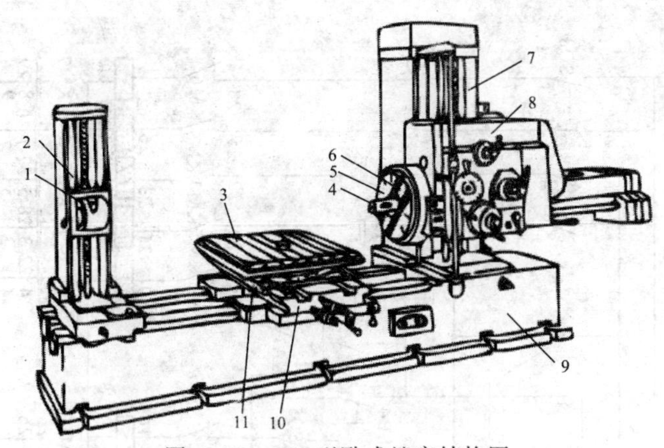

图 4-12 T68 型卧式镗床结构图

1—支承架 2—后立柱 3—工作台 4—主轴 5—平旋盘
6—径向刀架 7—前立柱 8—主轴箱 9—床身 10—下滑座 11—上滑座

在车身的另一端装有后立柱。后立柱可沿床身导轨在镗轴轴线方向调整位置。在后立柱导轨上安放有尾座，用来支撑镗杆的末端，它随着镗头架同时升降，保证两者的轴心在同一直线上。

安装工件的工作台安放在床身中部的导轨上，它由下溜板、上溜板与可转动的工作台组成。下溜板可沿床身导轨作纵向运动，上溜板可沿下溜板上的导轨作横向运动，工作台相对于上溜板可作回转运动。

由上可知，卧式镗床的运动方式有：主运动，镗轴与平旋盘的旋转运动；进给运动，镗轴的轴向进给、平旋盘刀具溜板的径向进给、镗头架的垂直进给、工作台的纵向进给与横向进给；辅助运动，工作台的回转，后立柱的轴向移动及尾座的垂直移动。

镗床工艺范围广、运动多，主轴转速与进给量都应有足够的调节范围，从电气控制上看有如下特点：

① 卧式镗床的主运动与进给运动由一台电动机拖动。主轴拖动要求恒功率调速，且要求正、反转，一般采用单速或多速笼形感应电动机拖动。为扩大调速范围，简化机械变速机构，可采用晶闸管控制的直流电动机调速系统。

② 为满足加工过程调整工作的需要，主轴电动机应能实现正、反转点动的控制。

③ 要求主轴制动迅速、准确，为此设有电气制动环节。

④ 主轴及进给变速可在开车前预选，也可在工作过程中进行，为便于变速时齿轮的顺利啮合，应设有变速低速冲动环节。

⑤ 为缩短辅助时间，机床各运动部件应能实现快速移动，并由单独快速移动电动机拖动。

⑥ 镗床的运动部件较多，应设置必要的联锁及保护环节，且采用机械手柄与电气开关联动的控制方式。

二、T68 型卧式镗床的电气控制

图 4-13 为 T68 型卧式镗床电气控制图。图中 M1 为主电动机，用以实现机床的主运动和进给运动；M2 为快速移动电动机，用以主轴箱、工作台的快速移动。前者为双速电动机，功率为 5.5/7.5 kW，转速为 1 460/2 880 r/min；后者功率 2.5 kW，转速为 1 460 r/min。整个控制电路由主轴电动机正反转启动旋转与正反转点动控制环节、主轴电动机正反转停车反接制动环节、主轴变速与进给变速时的低速运转环节、工作台的快速移动控制及机床的联锁与保护环节等组成。

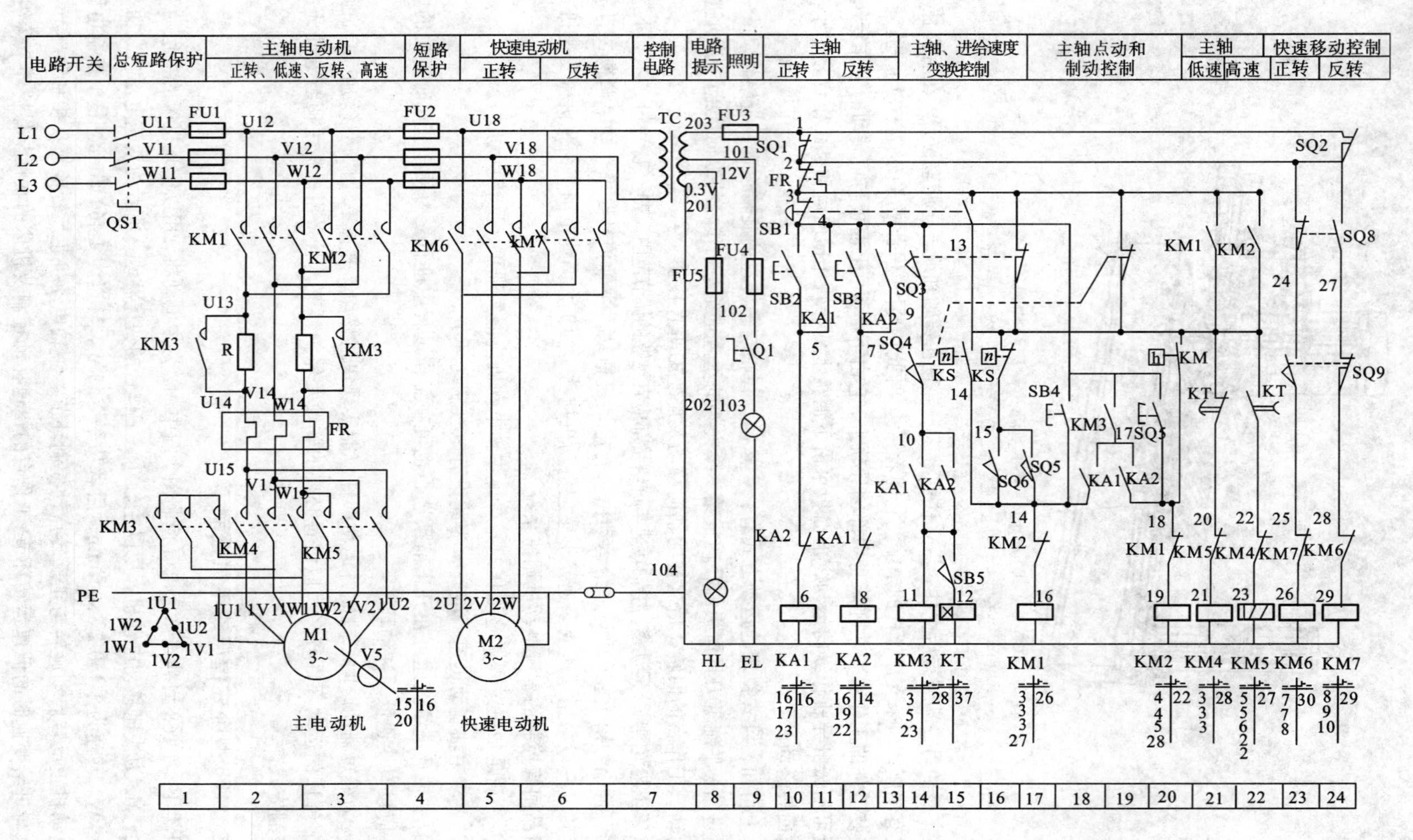

图 4-13 T68 型卧式镗床线路图

1．主电动机的正、反转控制

① 主电动机正反转点动控制。由正反转接触器 KM1、KM2 与正反转点动按钮 SB4、SB5 组成主电动机 M1 正反转点动控制电路。此时，电动机定子串入降压电阻，绕组成△形联结进行低速点动。

② 主电动机正反向低速旋转控制。由正反转启动按钮 SB2、SB3 与正反转中间继电器 KA1、KA2 及正反转接触器 KM1、KM2 构成主电动机启动电路。当选择主电动机低速旋转时，应将主轴速度选择手柄置于低速挡位，当主轴变速手柄与进给变速手柄置于原位时，变速行程开关 SQ1、SQ3 均被压下，使触点 SQ1、SQ3 闭合。此时若按下 SB2 或 SB3 时，将使 KA1 或 KA2 线圈通电吸合，使 KM3 与 KM1 或 KM2 通电吸合，KM4 相继通电吸合，主电动机定子绕组联结成△形，在全压下直接启动获得低速旋转。

③ 主电动机高速正反转的控制。当需主电动机高速启动旋转时，将主轴速度选择手柄置于高速挡位。这样，在按下启动按钮，KM3 通电的同时，时间继电器 KT 也通电吸合。于是，电动机 M1 在低速△形联结启动并 3 s 左右的延时后，因 KT 延时断开的触点 KT 断开，主电动机低速转动接触器 KM4 断电释放；同时，KT 延时闭合的触点 KT 闭合，高速转动接触器 KM5 通电吸合，主触点闭合，将主电动机 M1 定子绕组连接成 YY 形并重新接通三相电源，从而使主电动机由低速旋转转为高速旋转，实现电动机按低速挡起动再自动换接成高速挡运转的自动控制。

2．主电动机停车与制动的控制

主电动机 M1 在运行中可按下停止按钮 SB1 实现主电动机的停车与制动。由 SB1、速度继电器 KS、接触器 KM1、KM2 和 KM3 构成主电动机正反转反接制动控制电路。

以主电动机正向旋转时的停车制动为例，此时速度继电器 KS 的正向动合触点 KS 闭合。停车时，按下复合停止按钮 SB1，其触点 SB1(3-4)断开。若原来处于低速正转状态，这时 KM1、KM3、KM4 和 KA1 断电释放；若原来为高速正转，则 KM1、KM3、KM5、KA1 和 KT 均断电释放，限流电阻 R 串入主电动机主电路。虽然此时电动机已与电源断开，但由于惯性作用，M1 仍以高速度正向旋转。而停止按钮的另一对触点 SB1 闭合，KM2 线圈经触点 KS-1 通电吸合，其触点 KM2 闭合起自锁作用。同时，接触器 KM4 通电吸合。KM2、KM4 的主触点闭合，经限流电阻 R 接通主电动机三相电源，主电动机进行反接制动，转速立即下降。当主电动机转速下降到 KS 复位转速时，触点 KS 断开，KM2、KM4 先后断电释放，其主触点切断主电动机三相电源，反接制动结束，电动机自由停车至零。

由上面分析可知，在进行停车操作时，务必将停止按钮 SB1 按到底，否则将无反接制动，只是电动机自由停车。

3．主电动机在主轴变速与进给变速时的连续低速冲动控制

T68 型卧式镗床的主轴变速与进给变速既可在主轴电动机停车时进行，也可在电动机运转时进行。变速时为便于齿轮啮合，主电动机运行在连续低速工作状态。

① 变速操作过程。主轴变速时，首先将变速操纵盘上的操纵手柄拉出，然后转动变速盘，选好速度后，再将手柄推回。在拉出或推回变速手柄的同时，与其联动的行程开关 SQ1、SQ2 相应动作。在手柄拉出时 SQ1 不受压，SQ2 压下；当手柄推回时，SQ1 压下，SQ2 不受压。

② 主电动机在运行中进行变速时的自停控制。主电动机在运行中如需变速，将变速孔盘拉出，此时 SQ1 不受压，触点 SQ1 断开，使接触器 KM3 断电释放，其主触点断开，将限流电

阻 R 串入定子电路，而触点 KM3 断开，KM1、KM2 均断电释放。因此，主电动机无论工作在正转或反转状态，都因 KM1 或 KM2 断电释放而停止旋转。

③ 主电动机在主轴变速时的连续低速冲动控制。主轴变速时，将变速孔盘拉出，SQ1 不再受压，而 SQ2 压下，触点 SQ2 闭合。

若变速前主电动机处于正转运行状态，这时由于主轴变速手柄的拉出，使主电动机处于自停状态，速度继电器触点 KS(13–14)闭合，KS(13–15)断开，KS(13–15)断开，使 KM1、KM4 线圈相继通电吸合。KM1、KM4 主触点闭合，主电动机定子绕组联结成△形经限流电阻 R 启动正向旋转。随着主电动机转速的升高，当到达速度继电器动作值时，触点 KS(13–14)断开，KM1 线圈断电释放，主触点又切断主电动机三相电源，主电动机在惯性作用下继续正向转动。同时，触点 KS（13 – 15）闭合，KM2 线圈通电吸合，而此时 KM4 仍然通电吸合。KM2、KM4 主触点闭合，接触主电动机反向电源，经限流电阻 R 进行反接制动，使电动机转速迅速下降。

当主电动机转速迅速下降到速度继电器的释放值时，触点 KS(13–15)断开，KM2 断电释放；同时，触点 KS(13–14)闭合，KM1 又吸合。于是，主电动机又接通正向电源，经限流电阻 R 进行正向启动。这样间隙地启动和反接制动，使主电动机处于低速运转状态，有利于变速齿轮的啮合。一旦齿轮啮合后，变速手柄推回原位，行程开关 SQ1 压下，SQ2 不受压，切断主电动机变速低速运转电路。

由上分析可知，如果变速前主电动机处于停止状态，那么变速后主电动机也处于停转状态。若变速前主电动机处于正向低速（△联结）状态运转，由于中间继电器 KA1 仍保持通电状态，变速后主电动机仍处于△联结下运转。同样道理，如果变速前电动机处于高速(YY 联结)正转状态，那么变速后，主电动机仍先联结成△形，再经过 3 s 左右的延时，才进入 YY 联结的高速正转状态。

进给变速时主电动机连续低速冲动控制情况与主轴变速相同，只不过此时操作的是进给变速手柄，与其联动的行程开关是 SQ3、SQ4，当手柄拉出时 SQ3 不受压，SQ4 压下；当变速完成，推上进给变速手柄时，SQ3 压下，SQ4 不受压。其余情况与主轴变速相同。

4．镗头架、工作台快速移动的控制

机床各部件的快速移动，由快速移动操作手柄控制，由快速移动电动机 M2 拖动。运动部件及其运动方向的选择由装设在工作台前方的手柄操纵。快速操作手柄有“正向”、“反向”、“停止”3 个位置。在“正向”与“反向”位置时，将压下行程开关 SQ7 或 SQ8，使接触器 KM6 或 KM7 线圈通电吸合，实现 M2 电动机的正反转，再通过相应的传动机构使预选的运动部件按选定方向作快速移动。当快速移动手柄置于“停止”位置时，行程开关 SQ7、SQ8 均不受压，接触器 KM6 或 KM7 处于断电释放状态，M2 电动机停止旋转，快速移动结束。

5．机床的联锁保护

由于 T68 型镗床运动部件较多，为防止机床或刀具损坏，保证主轴进给和工作台进给不能同时进行，为此设置了两个联锁保护行程开关 SQ5 与 SQ6。其中，SQ5 是与工作台和镗头架自动进给手柄联动的行程开关，SQ6 是与主轴和平旋盘刀架自动进给手柄联动的行程开关。将行程开关 SQ5、SQ6 的常闭触点并联后串接在控制电路中，当两种进给运动同时选择时，SQ5、SQ6 的都被压下，其常闭触点断开，将控制电路切断，于是两种进给都不能进行，实现联锁保护。

三、T68 型卧式镗床的电气故障与维修

这里仅选一些有代表性的故障进行分析和说明。

① 主轴的转速与转速指示牌不符。这种故障一般有两种现象：一种是主轴的实际转速比标牌指示数增加或减少一倍；另一种是电动机的转速没有高速挡或者没有低速挡。这两种故障现象，前者大多由于安装调整不当引起，因为 T68 镗床有 18 种转速，是采用双速电动机和机械滑移齿轮来实现的。变速后，1、2、4、6、8……挡是电动机以低速运转驱动，而 3、5、7、9……挡是电动机以高速运转驱动。主轴电动机的高低速转换是靠微动开关 SQ7 的通断来实现，微动开关 SQ7 安装在主轴调速手柄的旁边，主轴调速机构转动时推动一个撞钉，撞钉推动簧片使微动开关 SQ7 通或断，如果安装调整不当，使 SQ7 动作恰恰相反，则会发生主轴的实际转速比标牌指示数增加或减少一倍的情况。

后者的故障原因较多，常见的是时间继电器 KT 不动作，或微动开关 SQ7 安装的位置移动，造成 SQ7 始终处于接通或断开的状态等。如 KT 不动作或 SQ7 始终处于断开状态，则主轴电动机 M1 只有低速；若 SQ7 始终处于接通状态，则 M1 只有高速。但要注意，如果 KT 虽然吸合，但由于机械卡住或触点损坏，使常开触点不能闭合，则 M1 也不能转换到高速挡运转，而只能在低速挡运转。

② 主轴变速手柄拉出后，主轴电动机不能冲动，产生这一故障一般有两种现象：一种是变速手柄拉出后，主轴电动机 M1 仍以原来转向和转速旋转；另一种是变速手柄拉出后，M1 能反接制动，但制动到转速为零时，不能进行低速冲动。产生这两种故障现象的原因，前者多数是由于行程开关 SQ3 的常开触点 SQ3（4–9）由于质量等原因绝缘被击穿造成。而后者则由于行程开关 SQ3 和 SQ5 的位置移动、触点接触不良等，使触点 SQ3（3–13）、SQ5（14–15）不能闭合或速度继电器的常闭触点 KS（13–15）不能闭合所致。

③ 主轴电动机 M1 不能进行正反转点动、制动及主轴和进给变速冲动控制。产生这种故障的原因，往往在上述各种控制电路的公共回路上出现故障。如果伴随着不能进行低速运行，则故障可能在控制线路 13→20→21→0 中有断开点，否则，故障可能在主电路的制动电阻器 R 及引线上有断开点，若主电路仅断开一相电源，电动机还会伴有缺相运行时发出的嗡嗡声。

④ 主轴电动机正转点动、反转点动正常，但不能正反转。故障可能在控制线路 4→9→10→11→ KM3 线圈→0 中有断开点。

⑤ 主轴电动机正转、反转均不能自锁。故障可能在 KM3（4–17）中。

⑥ 主轴电动机不能制动　可能原因有：速度继电器损坏；SB1 中的常开触点接触不良，3、13、14、16 号线中有脱落或断开；KM2（14–16）、KM1（18–19）触点不通。

⑦ 主轴电动机点动、低速正反转及低速接制动均正常，但高、低速转向相反，且当主轴电动机高速运行时，不能停机。可能的原因是误将三相电源在主轴电动机高速和低速运行时，都接成同相序所致，把 U12、V12、W12 中任两根对调即可。

⑧ 不能快速进给。故障可能在 2→24→25→26→KM6 线圈–0 中有断路。

任务 6　了解 X62W 型万能铣床的电气控制

铣床可以加工平面（水平面、垂直面等）、沟槽（键槽、T 形槽、燕尾槽等）、分齿零件（齿轮、链轮、棘轮、花轮轴等）、螺旋形表面（螺纹、螺旋槽）及各种曲面。此外，还可以用

于对回旋体表面及内孔进行加工，以及进行切断工作等。

铣床的种类很多，根据构造特点及用途分类，主要类型有升降台式铣床、工具铣床、工作台不升降铣床、龙门铣床和仿形铣床。此外，还有仪表铣床、专门化铣床（包括键槽铣床、曲轴铣床、凸轮铣床）等。

一、X62W 万能升降台铣床的结构

X62W 万能升降台铣床的结构如图 4-14 所示。

万能铣床的结构是床身 1 固定在底座 9 上，用于安装与支承机床各部件。在车身内装有主轴部件、主传动装置及其变速操纵结构等。车身顶部的导轨上装有悬梁 2，可沿水平方向调整其前后位置，悬梁上的支架 3 用于支撑刀杆的悬伸端，以提高刀杆刚性。升降台 8 安装在车身前侧面的垂直导轨上，可上下（称垂直）移动。升降台内装有进给运动和快速运动传动装置，以及操纵结构等。升降台的水平导轨上装有床鞍 7，可沿平行于主轴 4 的轴线方向（称横向）移动。工作台 5 经过回转台 6 装在床鞍 7 上，这样工作台可以沿垂直与主轴线方向（称纵向）移动。固定在工作台上的工件，通过工作台、回转台、床鞍及升降台，可以在相互垂直的 3 个方向实现任一方向的调整或进给运动。回转台可以绕垂直轴在 ±45° 范围内调整一定角度，使工作台能沿该方向进给，因此这种铣床除了能够完成卧式升降台铣床的各种铣削加工外，还能够铣削螺旋槽。

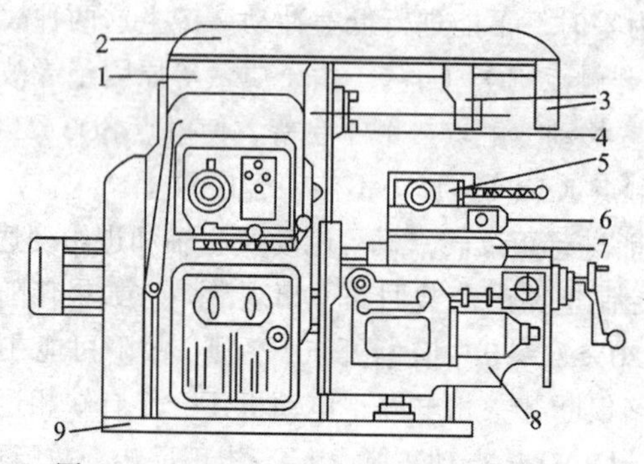

图 4-14　X62W 万能升降台铣床结构图

1—床身（立柱）　2—悬梁　3—刀杆支架　4—主轴　5—工作台

6—回转台　7—床鞍　8—升降台　9—底座

铣床工作时的主运动是铣刀的旋转运动。在大多数铣床上，进给运动是由工件垂直于铣刀轴线方向的直线运动来完成的。在少数铣床上，进给运动是工件的回转运动或曲线运动。为了适应加工不同形状和尺寸的工件，铣床保证工件与铣刀之间可在相互垂直的 3 个方向上调整位置，并根据加工要求，在其中任一方向实现进给运动。在铣床上，工作进给和调整刀具与工件相对位置的运动，根据机床类型不同，可分别由刀具及工件来实现。

万能铣床加工时的运动情况：

① 主运动：铣刀的旋转。

② 进给运动：工作台的上、下、左、右、前、后运动。

③ 辅助运动：工作台的上、下、左、右、前、后方向上的快速运动。

二、X62W 万能升降台铣床电气控制原理

下面来看看 X62W 万能升降台铣床电气控制（见图 4-15）功能：

X62W 万能升降台铣床的主电路由 3 台电动机组成：分别是主轴电动机 M1、进给电动机 M2、冷却泵电动机 M3。在铣削加工时，要求主轴能够正转和反转，完成顺铣和逆铣工艺，但这两种铣削方法变换得不频繁，所以采用组合开关 SA4 手动控制。主轴变速由机械机构完成，不需电气调速，停车时采用电磁离合器制动。进给电动机 M2 拖动工作台在纵向、横向和垂直 3 个方向运动，所以要求 M2 能够正、反转，其转向由机械手柄控制。冷却泵电动机只要单一方向转动，供给铣削用的冷却液。

控制电路（见图 4-15）由以下部分组成：

1. 主轴电动机 M1 控制

主轴电动机 M1 由接触器 KM1 接通电源，为便于操作，在车身和工作台上分别安装一套启动和停止按钮，启动按钮是 SB3 或 SB4，停止按钮是 SB1 或 SB2。另外，对主轴的控制有启动、制动、主轴换刀和主轴变速运动。

（1）启动

启动前先选定转向，将主轴转向顺选开关 SA4 扳到所需转向，按下启动按钮 SB3 或 SB4，接触器 KM1 线圈得电，其自锁触点 KM1 闭合，实现自锁。动合触点 KM1 闭合，接通进给控制电路。也就是说，主轴电动机若不运行（KM1 的动合触点不闭合)，进给控制电路将无法接通电源。

（2）停止与制动

主轴电动机 M1 停车与制动使用复合按钮 SB1 或 SB2。停车时，按下 SB1 或 SB2，其动断触点断开，接触器 KM1 线圈失电，而 KM2 线圈得电，迅速进行电压反接制动，当转速低到一定程度，速度继电器触点 KS1 或 KSL 断开，切断 KM2 线圈电流，制动结束。

操作按钮 SB1 或 SB2 时，要按到底，使其动断触点断开，动合触点闭合，否则只能切断电动机的定子电源，实现自由停车，而无法实现制动。

（3）换铣刀控制

X62W 铣床加工时，需要更换不同的铣刀，为了便于更换铣刀和操作安全，应切断主轴电动机电路和控制电路。换刀时将开关 SA1 扳到换刀位置，防止换刀时误按下启动按钮而使主轴转动，造成事故。

（4）变速冲动

主轴变速时，为了便于变速前后齿轮的啮合，利用手柄瞬时压动行程开关，接通电动机使其短暂得电，拖动齿轮系统产生抖动，给齿轮的啮合创造条件。主轴变速时，先将变速手柄拉出，使齿轮组脱离啮合，用变速盘调整到所需的新转速后，将手柄以较快的速度推回原处，使改变了传动比的齿轮啮合，用变速盘调整到所需的新转速后，将手柄以较快的速度推回原处，使改变了传动比的齿轮重新啮合。为了便于啮合，特别是在顶齿时，必须使电动机 M1 瞬间转动一下，这样齿轮组就能很好啮合。其工作情况是推动手柄返回原处，手柄上的机械机构瞬时压动行程开关 SQ1。由于主轴电动机 M1 没有制动，所以仍然以惯性在转动，使齿轮系统抖动，此时推入手柄，齿轮将很顺利地啮合。

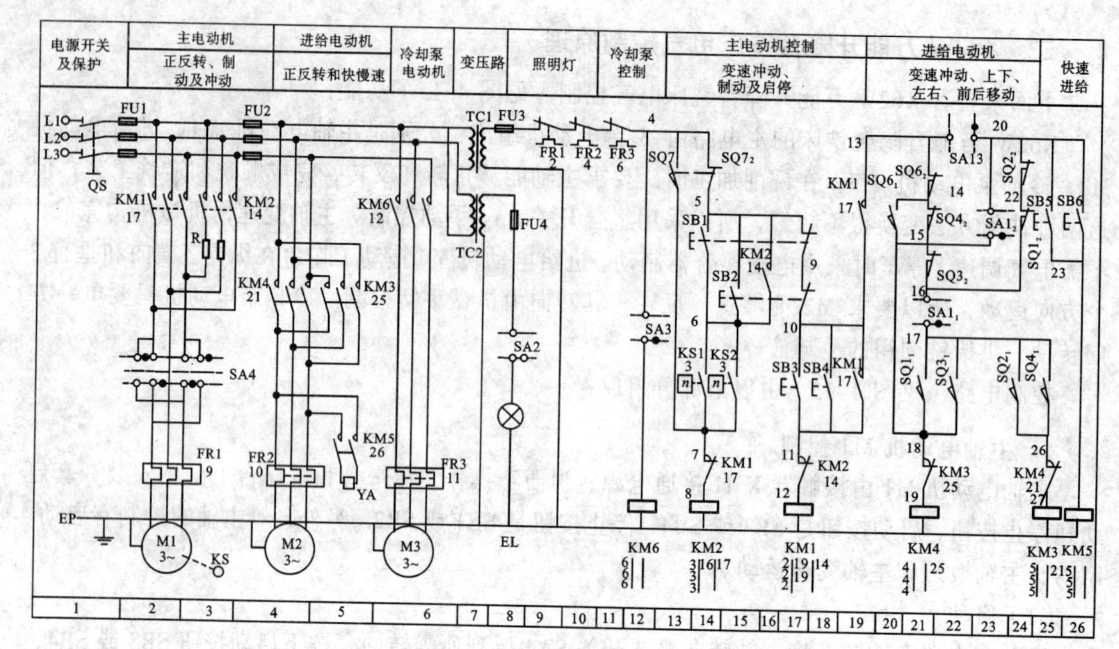

图 4-15　X62W 万能升降台铣床电器控制线路

2．进给电动机 M2 控制

进给运动必须在主轴电动机启动后，方能进行控制。进给电动机拖动工作台上、下、左、右、前、后 6 个方向的运动，即纵向（左右）、横向（前后）和垂直（上下）3 个垂直方向的运动，通过机械操作手柄（纵向手柄和十字形手柄）控制 3 个垂直方向，利用电动机 M2 正、反转实现每个垂直方向上的两个相反方向的运动。

在工作台进给运动时，是不能进行圆工作台运动的，即转换开关 SA2 扳到“工作台进给位置”。

（1）工作台纵向（左右）进给

工作台纵向进给运动必须扳动纵向手柄，它有左、中、右 3 个位置：中间位置对应停止；左、右位置对应机械传动链分别接入向左或向右运动方向，在电动机正、反转拖动下，实现向左或向右进给运动。

工作台向左运动时，将纵向手柄板到“左”位置，机械上电动机的传动链与左右进给丝杆相连；电气上纵向手柄压下行程开关 SQ6，其触点 $SQ6_1$ 闭合，接触器 KM4 线圈得电，互锁触点 KM4 断开，实现对接触器 KM3 的互锁，主电路中的 KM4 主触点闭合，进给电动机 M2 反转，拖动工作台向左进给；$SQ6_2$(断开，实现纵向进给运动和垂直、横向进给运动的互锁，一旦此时扳动垂直、横向运动的十字形手柄，将会断开 $SQ3_2$)或 $SQ4_2$ 电路，使任何进给运动都因断电而停止。

工作台停止运动只需要将纵向手柄扳回中间位置，此时 SQ5 释放，同时纵向机械传动链脱离，工作台停止左右方向的进给。

工作台向右运动时，纵向手柄板到“右”，机械传动与向左一样，但电气上压下行程开关 SQ5，其 $SQ5_1$ 闭合，接触器 KM3 线圈得电，进给电动机 M2 正转，拖动工作台向左进给运动。同样，$SQ5_2$ 断开，实现纵向进给运动和垂直、横向进给运动的互锁。

（2）工作台横向（前后）和垂直（上下）进给

工作台横向和垂直进给运动必须扳动十字形手柄，它有上、下、左、右、中 5 个位置：中间位置对应停止；上、下位置对应机械传动链接入垂直传动丝杆；左、右位置对应机械传动链接入横向传动丝杆。在电动机 M3 的拖动下，完成上、下、前、后 4 个方向的进给运动。

工作台向上运动时，十字形手柄板到“上”位置，机械传动系统接通垂直传动丝杆；电气上十字形手柄在“上”位置压下行程开关 SQ4，其触点 $SQ4_1$ 闭合，接触器 KM4 线圈得电，互锁触点 KM4 断开，实现对接触器 KM3 的互锁。主电路中的 KM4 主触点闭合，进给电动机 M3 反转，拖动工作台向上运动。若要求停止上升，只要把十字形手柄扳回到中间位置即可。

工作台向下运动时，十字形手柄板到“下”位置，机械传动系统接通垂直传动丝杆；电气上十字形手柄在“下”位置压下行程开关 $SQ3_1$，接触器 KM3 线圈得电，互锁触点 KM3 断开，实现对接触器 KM4 的互锁。主电路中的 KM3 主触点闭合，进给电动机 M3 反转，拖动工作台向下运动。若要求停止下降，只要把十字形手柄扳回到中间位置即可。

工作台向后运动时，工作过程与工作台向上运动一样，不同之处是十字形手柄板到“右”（后）位置。机械传动接通横向传动丝杆，手柄压下 SQ4，进给电动机 M3 反转，拖动工作台向后进给。

工作台向前运动时，工作过程与工作台向上运动一样，不同之处是十字形手柄板到“左”（前）位置。机械传动接通横向传动丝杆，手柄压下 SQ3，进给电动机 M3 正转，拖动工作台向前进给。

（3）终端保护

工作台前、后、左、右、上、下 6 个方向进给运动都有终端保护装置。左、右进给运动是纵向进给运动终端保护，在工作台上安装左右终端撞块，当左、右进给运动达到极限位置时，撞击操作手柄，使手柄回到中间位置，从而达到终端保护目的。

工作台上、下、左、右进给运动的终端保护，是利用固定在车身上的挡块，当工作台运动到极限位置时，挡块撞击十字形手柄，使其回到中间位置，工作台停止运动，从而实现终端保护。

（4）互锁

工作台 6 个方向的运动，在同一时刻只允许一个方向有进给运动，这就存在互锁问题，X62W 控制线路中，采用机械和电气方法实现。机械方法是使用两套操作手柄（纵向手柄和十字形手柄），每个操作手柄的每个位置只有一种操作。如纵向手柄 3 个位置（左、中、右）本身就实现了左、右互锁，即手柄在左位置时，无法接通右运动，手柄扳到右位置时，左运动也就自然切断。十字形手柄同样到上、下、前、后运动机械互锁。

电气互锁是由行程开关 $SQ3_2$、$SQ4_2$、$SQ6_2$ 这 4 个动断触点机构。电气原理图中，$SQ3_2$、$SQ4_2$ 相串联，$SQ5_2$、$SQ6_2$ 相串联，然后两条支路再并联。纵向手柄控制 $SQ5_2$、$SQ6_2$，十字形手柄控制 $SQ3_2$、$SQ4_2$，在扳到纵向手柄时，$SQ5_2$ 或 $SQ6_2$ 有一个已经断开，如果此时再扳动十字形手柄，必然会导致 $SQ3_2$ 或 $SQ4_2$ 有一个断开，这样两条电路都会被切断，接触器 KM3、KM4 不可能得电，电动机 M2 无法通电运转。

（5）快速移动

工作台在安装工件和对刀时，要求快速移动，以提高效率。X62W 万能铣床快速移动是通过机械方法来实现的，按下快速进给按钮 SB5 或 SB6 进行操作。

（6）变速冲动

进给变速与主轴变速控制一样，先外拉变速盘，调节好速度，再推回变速盘，在推回过程中，瞬时压动 SQ2 时，$SQ2_1$ 触点闭合，接触器 KM3 线圈得电，使进给电动机通电旋转。但 SQ2 很快被释放，$SQ2_1$ 触点断开，进给电动机断电停止。这时电动机瞬时得电旋转一下，使齿轮系统抖动，变速后的齿轮更易于啮合。

（7）圆工作台进给运动

圆工作台进给运动是使工作台绕轴心回转，以便进行弧形加工。先选择开关 SA2 扳到“圆工作台”位置，这时 SA2 和 SA2 断开，SA2 闭合。工作台 6 个方向进给运动都停止，主轴电动机启动后，接触器 KM3 线圈得电。主电路中的 KM3 主触点接通，进给电动机 M3 通电旋转，拖动工作台作圆工作台旋转。

三、X62W 万能升降台铣床电气控制故障及维修

电气线路常见故障分析与检修：

① 主轴电动机 M1 不能启动。这种故障分析和前面有关的机床故障分析类似，首先检查各开关是否处于正常工作位置。然后检查三相电源、熔断器、热继电器的常闭触点、两地启停按钮以及接触器 KMl 的情况，看有无电器损坏、接线脱落、接触不良、线圈断路等现象。另外，还应检查主轴变速冲动开关 SQl，因为由于开关位置移动甚至撞坏，或常闭触点 SQl_2 接触不良而引起线路的故障也不少见。

② 工作台各个方向都不能进给。铣床工作台的进给运动是通过进给电动机 M2 的正反转配合机械传动来实现的。若各个方向都不能进给，多是因为进给电动机 M2 不能启动所引起的。检修故障时，首先检查圆工作台的控制开关 SA2 是否在“断开”位置。若没问题，接着检查控制主轴电动机的接触器 KMl 是否已吸合动作。因为只有接触器 KMl 吸合后，控制进给电动机 M2 的接触器 KM3、KM4 才能得电。

如果接触器 KMl 不能得电，则表明控制回路电源有故障，可检测控制变压器 TC 一次侧、二次侧线圈和电源电压是否正常，熔断器是否熔断。待电压正常，接触器 KMl 吸合，主轴旋转后，若各个方向仍无进给运动，可扳动进给手柄至各个运动方向，观察其相关的接触器是否吸合，若吸合，则表明故障发生在主回路和进给电动机上，常见的故障有接触器主触点接触不良、主触点脱落、机械卡死、电动机接线脱落和电动机绕组断路等。除此以外，由于经常扳动操作手柄，开关受到冲击，使位置开关 SQ3、SQ4、SQ5、SQ6 的位置发生变动或被撞坏，使线路处于断开状态。变速冲动开关 $SQ2_2$ 在复位时不能闭合接通，或接触不良，也会使工作台没有进给。

③ 工作台能向左、右进给，不能向前、后、上、下进给。铣床控制工作台各个方向的开关是互相联锁的，使之只有一个方向的运动。因此，这种故障的原因可能是控制左右进给的位置开关 SQ5 或 SQ6 由于经常被压合，使螺钉松动、开关移位、触点接触不良、开关机构卡住等，使线路断开或开关不能复位闭合，电路 19-20 或 15-20 断开。这样当操作工作台向前、后、上、下运动时，位置开关 $SQ3_2$ 或 $SQ4_2$ 也被压开，切断了进给接触器 KM3、KM4 的通路，造成工作台只能左、右运动，而不能前、后、上、下运动。

④ 工作台能向前、后、上、下进给，不能向左、右进给。出现这种故障的原因及排除方法可参照上例说明进行分析，不过故障元件可能是位置开关的常闭触点 $SQ3_2$ 或 $SQ4_2$。

⑤ 工作台不能快速移动，主轴制动失灵。这种故障往往是电磁离合器工作不正常所致。首先应检查接线有无松脱，整流变压器 TC2、熔断器 FU3、FU4 的工作是否正常，整流器中的 4 个整流二极管是否损坏。若有二极管损坏，将导致输出直流电压偏低，吸力不够。其次，电

磁离合器线圈是用环氧树脂黏合在电磁离合器的套筒内，散热条件差，易发热而烧毁。另外，由于离合器的动摩擦片和静摩擦片经常摩擦，因此它们是易损件，检修时也不可忽视这些问题。

⑥ 变速时不能冲动控制。这种故障多数是由于冲动位置开关 SQl 或 SQ2 经常受到频繁冲击，使开关位置改变(压不上开关)，甚至开关底座被撞坏或接触不良，使线路断开，从而造成主轴电动机 M1 或进给电动机 M2 不能瞬时点动。

出现这种故障时，修理或更换开关，并调整好开关的动作距离，即可恢复冲动控制。

任务 7　了解桥式起重机的电气控制

起重机（Crane）是具有起重吊钩或其他取物装置（如抓斗、电磁吸铁、集装箱吊具等）在空间内实现垂直升降和水平运移重物的起重机械。电梯是轿厢沿垂直方向运送乘客和货物的起重设备。它们工作的共同特点是：工作频繁，具有周期性和间歇性，要求工作可靠并确保安全。

起重机类型很多，按其构造分，有桥架型起重机（如桥式起重机、龙门起重机等）、缆索型起重机、臂架型起重机（如塔式起重机、流动式起重机、门座起重机、铁路起重机、浮动起重机、桅杆起重机等）；按其取物装置和用途分为吊钩起重机、抓斗起重机、电磁起重机、冶金起重机、堆垛起重机、集装箱起重机、安装起重机、救援起重机等。它们广泛应用于工厂企业、港口车站、仓库料场、建筑安装、水（火）电站等国民经济各部门。

桥式起重机的电力拖动系统由 3～5 台电动机所组成：包括小车驱动电动机 1 台，大车驱动电动机 1 台或 2 台（大车如果采用集中驱动，则只需 1 台大车电动机，如果采用分别驱动，则由 2 台相同的电动机分别驱动左右两边的主动轮），起重电动机 1 台（单钩）或 2 台（双钩）。

桥式起重机电力拖动及其控制的主要要求如下：

① 空钩能够快速升降，以减少辅助工时；轻载时的提升速度应大于额定负载的提升速度。

② 有一定的调速范围。普通的起重机调速范围（高、低速之比）一般为 3∶1，要求较高的则要求达到（5～10）∶1。

③ 有适当的低速区。在刚开始提升重物或重物下降至接近预定位置时，都低速运行。因此，要求在 30%额定速度内分成若干低速挡以供选择。同时，要求由高速向低速过渡时应逐级减速以保证稳定运行。

④ 提升的第一挡为预备挡，用以消除传动系统中的齿轮间隙，并将钢绳张紧，以避免过大机械冲击。

⑤ 起重电动机负载的特点是位能性恒转矩负载（即负载转矩的方向并不随电动机的转速和转矩的方向改变），因此要求下放重物时起重电动机可工作在电动机状态，反接制动或再生制动状态，以满足对不同下降速度的要求。

⑥ 为确保安全，要求采用电气和机械双重制动，即可减轻机械抱闸的负担，又可防止因突然断电而重物自由下落造成事故。

⑦ 要求有完备的电气保护与连锁环节，例如，要有短时过载的保护措施，由于热继电器的热惯性较大，因此起重机电路多采用过流继电器作过载保护。要零压保护：在 6 个运动方向上，除向下运动以外，其余 5 个方向都要求有行程终端限位保护等。

桥式起重机的拖动电动机多采用绕线转子异步电动机，采用凸轮控制器或主令控制器控制，其控制和保护设备已经系列化和标准化，有定型产品。下面介绍 5 t 和 15 t/3 t 桥式起重机的控制电路原理。

一、5 t 桥式起重机控制电路

5 t 桥式起重机控制电路包括凸轮控制器电路和保护电路。

1. 凸轮控制器的结构

凸轮控制器亦称接触器式控制器。因为它的动、静触点的动作原理与接触器极其类似。至于二者的不同之处，仅仅有别于凸轮控制器是凭借人工操纵的，并且能换接较多数目的电器，而接触器系具有电磁吸引力实现驱动的远距离操作方式，触点数目较少。

凸轮控制器是一种大型的控制电器，也是多挡位、多触点，利用手动操作，转动凸轮去接通和分断通过大电流的触点转换开关。凸轮控制器主要用于起重设备中控制中小型绕线转子异步电动机的启动、停止、调速、换向和制动，也适用于有相同要求的其他电力拖动场合。

凸轮控制器外形和结构如图 4-16 所示，凸轮控制器从外部看由机械结构、电气结构、防护结构等三部分组成，其中手轮、转轴、凸轮、杠杆、弹簧、定位棘轮为机械结构，触点、接线柱和联板等为电气结构，而上下盖板、外罩及灭弧罩等为防护结构。当转轴在手轮扳动下转动时，固定在轴上的凸轮同轴一起转动；当凸轮的凸起部位顶住动触点杠杆上的滚子时，使动触点与静触点分开；当转轴带动凸轮转动到凸轮凹处与滚子相对时，动触点在弹簧作用下，使将动、静触点紧密接触，从而实现触点的接通与断开，将这些触点接到电动机电路中便可实现控制电动机的目的。

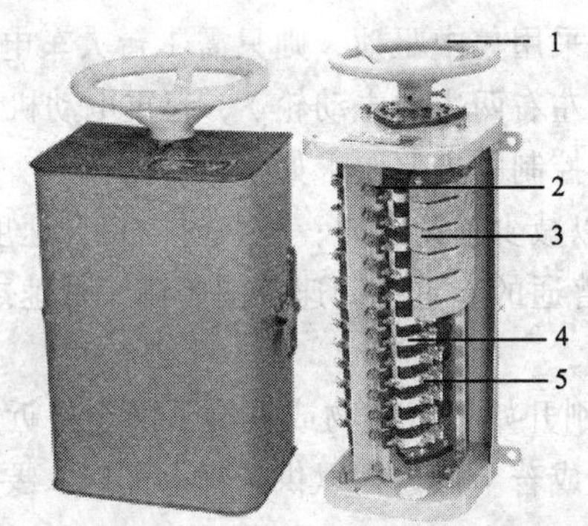

图 4-16　凸轮控制器外形和结构

1—手轮　2—转轴　3—灭弧罩　4—动触点　5—静触点

2. 主令控制器控制起升机构的电路

这种控制电路是利用主令控制器发出动作指令，使磁力控制屏中各相应接触器动作，来换接电路，控制起升机构电动机按与之相应的运行状态来完成各种起重吊运工作。由于主令控制器与磁力控制屏组成的控制电路较复杂，使用元件多，成本高，故一般在下列情况下才采用：

① 拖动电动机容量大，凸轮控制器容量不够。

② 操作频率高，每小时通断次数接近或超过 600 次。

③ 起重机工作繁重，操作频繁，要求减轻司机劳动强度，要求电气设备具有较高寿命。

④ 起重机要求有较好的调速、点动等运行性能。

图 4-17 为提升机构控制电路图。该电路采用 KT14-25J/1 型凸轮控制器，有 12 对触点，在提升与下降时各有 6 个工作位置，通过控制器操作手柄置于不同工作位置，使 12 对触点相应闭合

与开断，进而控制电动机定子电路与转子电路接触器，实现电动机工作状态的改变，使物品获得上升与下降的不同速度。由于主令控制器为手动操作，所以电动机工作状态的变换由操作者掌握。

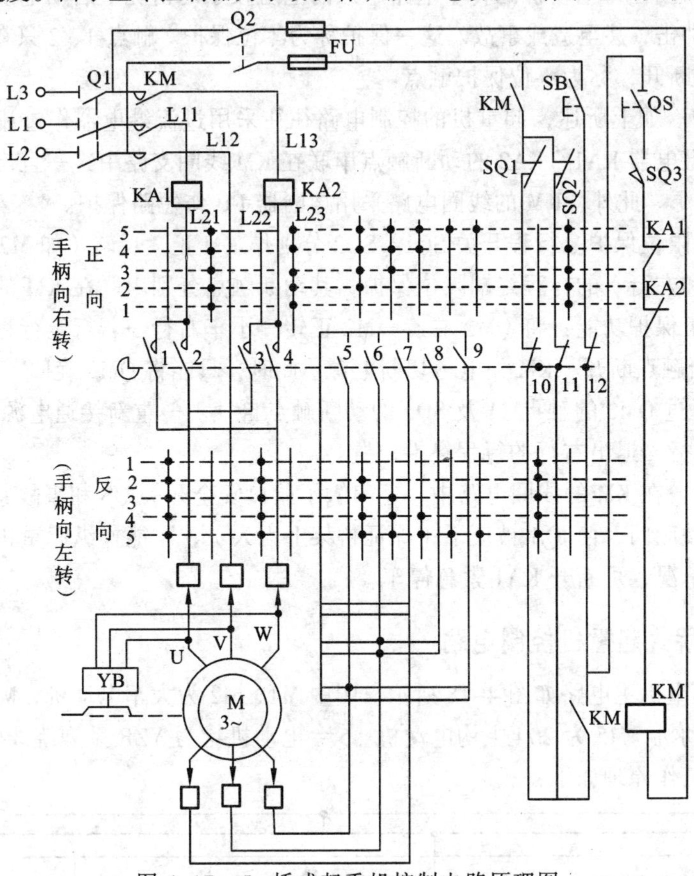

图 4-17　5 t 桥式起重机控制电路原理图

① 提升重物。此时起重机为正转（凸轮控制器右旋），第 1 挡的启动转矩很小，作为预备级用于消除传动齿轮的间隙并张紧钢丝绳；在第 2 挡至第 5 挡提升速度逐渐提高。

② 轻载下放重物。此时起重电动机为反转（凸轮控制器左旋）。因为下放重物较轻，其重力矩 T_L 不足以克服摩擦转矩 T_0，则电动机工作在反转状态，电动机的电磁转矩 T 与 T_L 方向一致迫使重物下降。在不同的挡位可获得不同的下降速度。

③ 重载下放重物。此时起重电动机仍然反转，但由于负载较重，其重力矩 T_L 与电动机电磁转矩 T 方向一致而使电动机加速，当电动机的转速大于同步转速 n_0 时，电动机进入再生发电状态。

3．保护电路

图 4-17 所示电路具有欠电压、零压、零位、过流、行程终端限位保护和安全保护共 6 种保护功能：

① 欠压保护。接触器 KM 本身具有欠电压保护的功能。当电源电压不足时（低于额定的 85%），KM 因电磁力不足而复位，其动合触点和自锁触点都断开，从而切断电源。

② 零压保护与零位保护。采用按钮开关 SB 启动，SB 动合触点与 KM 自锁动合触点相并联的电路都具有零压（失压）保护功能，在操作中一旦断电，必须再次按下 SB 才能重新接通电源。在此基础上，由图 4-17 可见，采用凸轮控制器控制的电路在每次重新启动时，还必须将

凸轮控制器旋回中间的零位使触点 1、2 接通，才能按下 SB 接通电源，这就防止在控制器还置于左、右旋的某一挡位，电动机的转子电路串入的电阻较小的情况下启动电动机，造成较大的启动转矩和电流冲击，甚至造成事故。这一保护称为零位保护。触点 1、2 只在零位才接通，在其他 10 个挡位均断开，称为零位保护触点。

③ 过流保护。如上所述，起重机的控制电路往往采用过流继电器作过流（包括短路、过载）保护，过流继电器 KA1、KA2 的动断触点串联在 KM 线圈支路中，一旦出现过电流便切断 KM，从而切断电源。此外，KM 的线圈电路采用熔断器 FU 作短路保护。

④ 行程终端限位保护。行程开关 SQ1、SQ2 分别作 KM 正、反转（如 M2 驱动小车，则分别为小车的右行和左行）的行程终端限位保护，其动断触点分别串联在 KM 的自锁支路中。以小车右行为例分析保护功能：将 QM2 右旋→M2 正转→小车右行→若行至行程终端还不停下→碰 SQ1。SQ1 动断触点断开→KM 失电→切断电源。此时，只能将 QM2 旋回零位→重新按下 SB→KM 得电（并通过 QM2 的触点 11 及 SQ2 的动断触点自锁）→重新接通电源→将 QM2 左旋。M2 反转→小车左行，退出右行的行程终端位置。

⑤ 安全保护。在 KM 的线圈电路中，还串入了舱口安全开关 QS 和事故紧急开关 SA1。在平时，应关好驾驶舱门，使 QS 被压下（保证桥架上无人），才能操纵起重机运行；一旦发生事故或出现紧急情况，可断开 KA1 紧急停车。

二、20/5 t 桥式起重机控制电路

20/5 t 桥式起重机主电路如图 4-18 所示。图中 M1、M2 为大车电动机，M3 为小车电动机，M4 为 5 t 副钩电动机，M5 为 20 t 主钩电动机。5 台电动机均为 YZR 系列绕线转子异步电动机。其各部分线路的工作原理如下：

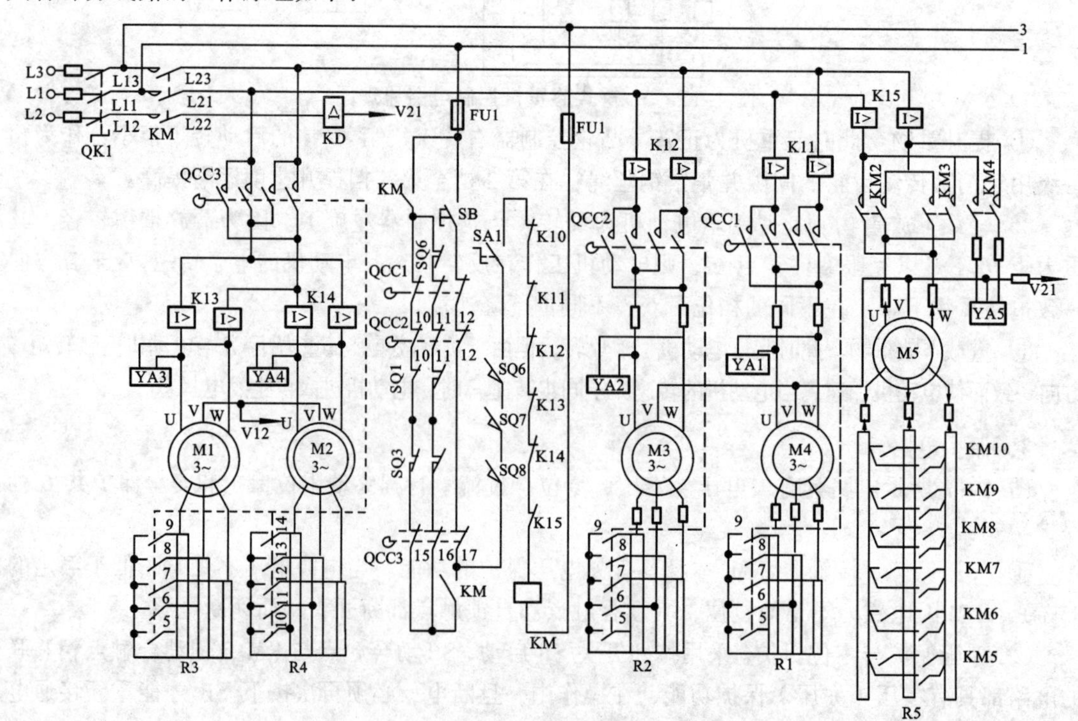

图 4-18　20/5t 桥式起重机主电路

1. 主钩的控制电路

主钩由主令控制器 QM 控制，该主令控制器共有 12 副触点，上升与下降共有 6 挡工作位置，每个位置上触点的通断情况如表 4-5 所示。把 QM 手柄置于“0”位置，触点 QM1 闭合，因过流继电器 K15 常闭触点闭合，电压继电器 KV 通电吸合并自锁，为主钩电动机 M5 工作做好准备，见起重机控制电路图 4-19。

表 4-5　主令控制器触点通断表

触点	下降						零位	上升					
	5	4	3	2	1	C		1	2	3	4	5	6
1							×						
2	×	×	×										
3				×	×	×		×	×	×	×	×	×
4	×	×	×										
5				×	×	×		×	×	×	×	×	×
6	×	×	×	×	×			×	×	×	×	×	×
7	×	×	×		×	×		×	×	×	×	×	×
8	×	×	×			×			×	×	×	×	×
9	×	×								×	×	×	×
10	×										×	×	×
11	×											×	×
12	×												×

注：×表示接通。

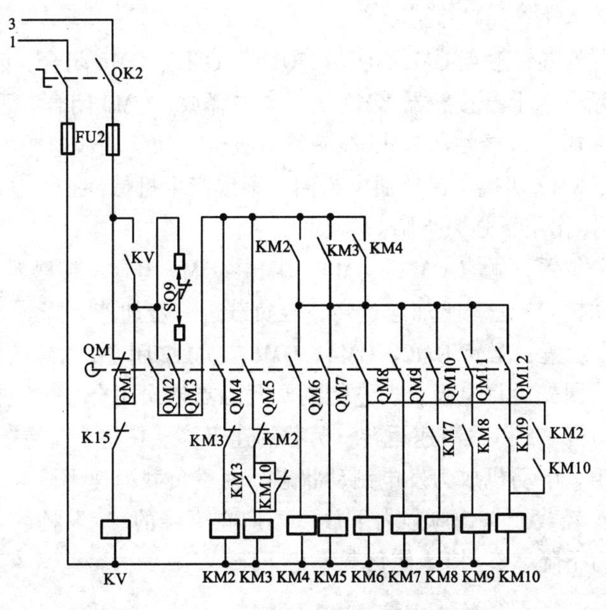

图 4-19　20/5 t 桥式起重机控制电路

主令控制器手柄置于升侧“1”～“6”挡的任何位置，触点QM3、QM5、QM6、QM7都闭合。触点QM3闭合，将上升限位开关SQ9串入电路，起上升限位保护作用。触点QM5、QM6闭合，使上升接触器KM3通电吸合并自锁，转动电磁铁YA5通电而松开电磁抱闸，上升电动机启动运转。触点QM7闭合，使接触器KM5通电吸合，转子切除一段电阻，手柄在“2”～“6”的位置，触点QM8～QM12依次闭合，相继接通接触器KM6～KM10，依次切除转子外接电阻，使转子回路串入的电阻依次减少，上升速度逐渐提高。若重物上升到极限位置，使限位开关SQ9压下，接触器KM3线圈断电释放，电动机脱离电源。同时接触器KM4也断电释放，电磁抱闸将电动机轴抱住，使电动机迅速停车。

（1）下放重物时的工作情况

主令控制器手柄在下降侧也有6挡位置。

① 制动下降“C”位置：触点QM3、QM5、QM7、QM8闭合，行程开关SQ9也闭合，接触器KM3、KM5、KM6线圈通电吸合。由于触点QM6断开，故制动接触器KM4线圈未通电，制动器的抱闸未松开，尽管上升接触器KM3已通电动作，电动机M5已得电并产生了提升方向的转矩，但在制动器的抱闸和载重的重力作用下，迫使电动机不能启动旋转。此时转子回路接入4段启动电阻，为启动做准备，这一挡仅是下放的准备挡，电动机通电而不能转动，虽然转子回路串有电阻，但电动机电流仍很大，故手柄置于这个位置的时间不能太长，以免损坏电动机。

② 制动下降“1”位置：触点QM3、QM5、QM6、QM7闭合，制动接触器KM4线圈通电，电磁制动器YA5通电，抱闸松开，同时接触器KM3、KM5得电吸合，由于触点QM8断开，接触器KM6失电释放，转子回路接入5段电阻，使电动机M5产生的提升方向的电磁转矩减少，此时载重足够大，则在负载重力作用下，电动机开始作下降方向运转，电磁转矩成为制动转矩，重负载低速下降。

③ 制动下降“2”位置：触点QM3、QM5、QM6闭合，QM7断开，接触器KM5断电释放，此时转子回路全部接入，使电动机向转速提升方向的电磁转矩进一步减少，重负载下降速度比“1”位置时增加。

④ 强力下降“3”位置：触点QM2、QM4、QM6、QM7、QM8闭合，QM3断开，把SQ9从控制回路切除，QM5断开，上升接触器KM3线圈失电释放，QM4闭合，下降接触器KM2线圈得电吸合，QM7、QM8闭合，接触器KM5线圈得电吸合，切除两段电阻，制动接触器KM4自锁，保证接触器KM3、KM2切换中保持通电松闸，不致产生机械冲击。这时，轻负载在电动机M5下降方向的电磁转矩作用下强力下降。

⑤ 强力下降“4”位置：触点QM2、QM4、QM6～QM9闭合，接触器KM7线圈得电吸合，又切除一定电阻，电动机M5进一步加速运转，轻负载进一步加速下降。

⑥ 强力下降“5”位置：触点QM2、QM4、QM6～QM12闭合，KM的常开触点闭合，使接触器KM8、KM10的线圈先后得电吸合，它们的常开触点依次闭合，电阻被逐段切除，从而避免过大冲击电流，电动机M5以最高速运转，负载加速下降。在这个位置上，下降较重负载时，负载转矩大于电磁转矩，电动机成为发电制动状态，使重负载稳速下降。

从上面分析而知：轻载或空钩应强力下放，不应在下降的“C”档、“1”档、“2”档停留。重负载时应在强力下降“5”档，使负载平稳下降。

（2）副钩、小车和大车的控制电路。

副钩电动机 M4 和小车电动机 M3 用两台凸轮控制器 QCC1 和 QCC2，型号 KT14-25J/1 分别控制。大车电动机 M1 和 M2 用凸轮控制器 QCC3，型号 KT14-25J/2 同时控制。它们的通断次序见表 4-6 和表 4-7 所示。

表 4-6　KT14-25J/1 凸轮控制器触点通断表

触点	提升或向后					零位	下放或向前				
	5	4	3	2	1		1	2	3	4	5
1							×	×	×	×	×
2	×	×	×	×							
3					×		×	×	×	×	×
4	×	×	×	×							
5			×	×	×			×	×	×	×
6	×	×	×						×	×	×
7	×	×								×	×
8	×		×								×
9	×										×
10						×	×	×	×	×	×
11	×	×	×	×	×	×					
12						×					

注：×表示接通。

表 4-7　KT14-25J/1 凸轮控制器触点通断表

触点	提升或向后					零位	下放或向前				
	5	4	3	2	1		1	2	3	4	5
1							×	×	×	×	×
2	×	×	×	×	×						
3							×	×	×	×	×
4	×	×	×	×	×						
5	×	×	×	×				×	×	×	×
6	×	×	×						×	×	×
7	×	×								×	×
8	×										×
9	×										×
10		×	×	×			×	×	×	×	×
11	×	×	×						×	×	×

续表

触点	提升或向后					零位	下放或向前				
12	×	×								×	×
13	×										×
14	×										×
15						×	×	×	×	×	×
16	×	×	×	×	×	×					
17						×					

注：×表示接通。

KT14-25J/1 型凸轮控制器左右各有 5 挡工作位置，共有 12 副触点，分别控制电动机的主电路、控制电路及保护电路。其中触点 1～4 接在定子电路中，控制电动机的正反转；触点 5～9 接在转子电路中，以实现转子电阻的接入和切除，转子电阻采用不对称接法，在不同的控制档位可逐级不对称切除转子电阻，以得到不同的运行速度；触点 10～12 接在控制电路中，以实现限位保护和零位保护。

KT14-25J/2 型凸轮控制器左右也有 5 挡工作位置，共有 17 副触点触点 1～4 接在两台大车电动机的定子回路中，控制电动机的正反转；触点 5～9 接在电动机 M1 转子电路，触点 15～17 接在控制电路中，以实现限位保护和零位保护。

2．保护电路

从图 4-18 中可见，接触器 KM 使电动机与电源接通，控制接触器 KM 就能对电动机进行保护。

① 常闭触点 QCC1-12、QCC2-12、QCC3-17 是副钩、小车及大车的凸轮控制器的零位触点，只有当这三个凸轮控制器都在零位时，才允许接通交流电源。

② K10 是电源电路的过电流保护，K11、K12、K15 分别是副钩电动机、小车电动机和主钩电动机的过电流保护，K13、K14 是大车电动机的过电流保护，任何一个过电流继电器动作，都能使接触器 KM 断电释放。

③ 限位开关 SQ6～SQ8 分别为操纵室门、端梁栏杆门上的安全开关，当门打开时，自动切断电源，以防止触电。

④ SAJ 是紧急开关，当发生紧急情况时，可以切断总电源。

⑤ SQ1、SQ2 为小车限位开关，SQ3、SQ4 为大车限位开关，SQ5 为副钩限位开关，一旦该开关动作以后，有使机构退出极限位置，必须将手柄都退至零位，这时自锁电路中常闭触点 QCC1-10、11，QCC2-10、11，QCC3-15、16 都闭合，即可启动接触器 KM，并操纵凸轮控制器，使机构反向运动，退出极限位置。

⑥ SQ9 为主钩的上升限位开关，串接在主钩上升控制器 KM3 的回路中。

思考题

1. 电气原理图一般由哪几个部分组成？
2. 什么是点动控制？
3. 什么是自锁？为什么说接触器自锁控制线路具有欠压和失压保护？

4. 在具有过载保护的接触器自锁控制线路中，它是怎么起到过载保护作用的？

5. 某生产机械要求前一台电动机启动后，后一台电动机才允许启动，而前一台电动机停止时，后一台电动机必须停止。试画出该电路的控制线路图。

6. 电动葫芦中为什么要装设行程开关 SQ1、SQ2 和 SQ3？

7. CA6140 型车床的电气控制线路是怎样动作过程的？

8. M7120 平面磨床的电气控制线路的工作特点是什么？

9. Z3040 摇臂钻床的锁紧控制是起什么作用的？

10. T68 型卧式镗床中的双速电动机有何作用？

项目 5

可编程序控制器应用

项目描述

可编程序控制器是当前工厂电气控制设备中使用越来越多的工业控制器。学习可编程序控制器的知识，了解可编程序控制器的基本编程方法、变频器的简单使用知识，从简单的电动机正反转的 PLC 实现，到电动机其他控制功能的 PLC 实现，对传统的继电接触器控制系统采用可编程序控制器进行控制线路的改造，是工作人员需要掌握的必备技能。

知识目标

- 学习可编程序控制器和变频器的知识。
- 了解可编程序控制器常用编程方法。
- 了解可编程序控制器实现电动机的控制功能。

能力目标

- 学会可编程序控制器的基本编程。
- 能动手编程和设计基本单元控制线路。

任务 1　了解可编程序控制器的基本原理

可编程控制器（Programmable Controller）是计算机家族中的一员，是为工业控制应用而设计的。早期的可编程序控制器称为可编程逻辑控制器（Programmable Logic Controller，PLC），用它来代替继电器实现逻辑控制。随着技术的发展，可编程序控制器的功能已大大超过了逻辑控制的范围，所以，目前人们都把这种装置称作可编程序控制器（国标简称可编程序控制器为 PC 系统）。为了避免与目前应用广泛的个人计算机（Personal Computer）的简称 PC 相混淆，所以仍将可编程序控制器简称为 PLC。

一、可编程序控制器的分类

PLC 的种类很多，使其在实现的功能、内存容量、控制规模、外形等方面都存在较大的差异，因此 PLC 的分类没有一个严格、统一的标准，而是按 I/O 总点数、组成结构、功能进行大致的分类。

1．按 I/O 总点数分类

按 I/O 总点数分，PLC 通常分为小型、中型、大型三类。

① 小型 PLC：I/O 总点数为 256 点及其以下的 PLC。

② 中型 PLC：I/O 总点数超过 256 点且在 2 048 点以下的 PLC。

③ 大型 PLC：I/O 总点数为 2 048 点及其以上的 PLC。

还有，把 I/O 总点数少于 32 点的 PLC 称为微型或超小型 PLC，而把 I/O 总点数超过万点的 PLC 称为超大型 PLC。

此外，不少 PLC 生产企业根据自己生产的 PLC 产品的 I/O 总点数情况，也存在着企业内部的划分标准。应当指出，目前国际上对于 PLC 按 I/O 总点数分类，并无统一的划分标准，而且可以预料，随着 PLC 向两极化方向发展，按 I/O 总点数划分类别是目前流行的标准，也势必会出现一些变化。

2．按组成结构分类

按组成结构分，PLC 可分为整体式和模块式两类。

（1）整体式 PLC

整体式 PLC 是将中央处理器、存储器、I/O 点、电源等硬件都装在一个箱状机壳内，结构非常紧凑。它的体积小，价格低，小型 PLC 一般采用整体式结构。图 5-1 所示为三菱公司的 FX_{1s} 系列整体式 PLC。

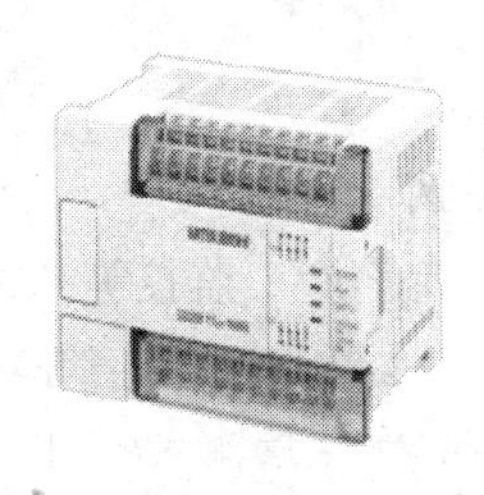

图 5-1　三菱公司的 FX_{1s} 系列整体式 PLC

整体式 PLC 提供多种多种不同的 I/O 点数的基本单位和扩展单元供用户选用，基本单位内有 CPU 模块、I/O 模块和电源，扩展单位内只有 I/O 模块和电源，基本单元和扩展单元之间用扁平电缆连接。各单元的输入点与输出点的比例是固定的，有的 PLC 有全输入型和全输出型的扩展单元。选择不同的基本单元和扩展单元，可以满足用户的不同要求。

整体式 PLC 一般配备有许多专用的特殊功能单元，如模拟量 I/O 单元、位置控制单元和通信单元等，使 PLC 的功能得到扩展。

FX 系列的基本单元、扩展单元和扩展模块的高度、深度相同，但宽度不同。它们不用基板，各模块可用底部自带的卡子卡在 DIN 导轨上，两个相邻的单元或模块之间用扁平电缆连接，安装好后组成一个整齐的长方体。

（2）模块式 PLC

大、中型 PLC（如三菱的 A 系列和 Q 系列）一般采用模块式结构。模块式 PLC 用搭积木的方式组成系统，它由机架（有的厂家称机架为基板）和模块组成，如图 5-2 所示。

图 5-2　三菱 Q 系列模块式 PLC

模块式 PLC 是将 PLC 的各部分分成若干个单独的模块，如将 CPU、存储器组成主控模块；将电源组成电源模块；将若干输入点组成 I 模块，若干输出点组成 O 模块；将某项的功能，专门制成一定的功能模块等。模块式 PLC 由用户自行选择所需要的模块，安插在机架或基板上。

PLC 厂家备有不同槽数的机架供用户选用，如果一个机架容纳不下所选用的模块，可以增设一个或数个扩展机架，各机架之间用 I/O 扩展电缆相连，有的 PLC 需要通过接口模块来连接各机架。模块式 PLC 具有配置灵活、装配方便、便于扩展和维修等优点，较多用于中型或大型机。由于其输入、输出模块可根据实际需要任意选择，组合灵活，维修方便，致使目前也有一些小型机采用模块式。近期，也出现了把整体式、模块式两者的长处结合为一体的一种 PLC 结构，即所谓的叠装式 PLC。它的 CPU 和存储器、电源、I/O 等单元依然是各自独立模块，但它们之间通过电缆进行连接，且可一层层地叠装，既保留了模块式可灵活配置之所长，也体现了整体式体积小之优点。

3．按功能分类

按功能分，PLC 可大致分为低档、中档、高档机 3 种。

① 低档机：具有逻辑运算、计时、计数、移位、自诊断、监控等基本功能，还可能具有少量的模拟量输入/输出、算术运算、数据传送与比较、远程 I/O、通信等功能。

② 中档机：除具有低档机的功能外，还具有较强的模拟量输入/输出、算术运算、数据传送与比较、数据转换、远程 I/O、子程序、通信联网等功能。还可能增设中端控制、PID 控制等功能。

③ 高档机：除具有中档机的功能外，还有符号运算（32 位双精度加、减、乘、除及比较）、矩阵运算、位逻辑运算（置位、清除、右移、左移）、平方根运算及其他特殊功能函数的运算、表格传送及表格功能等。而且，高档机具有更强的通信联网功能，可用于大规模过程控制，构成全 PLC 的集散控制系统或整个工厂的自动化网络。

二、可编程序控制器的硬件结构

PLC 种类繁多，功能多种多样，但是其组成结构和工作原理基本相同。实质上是一种专门用于工业控制的计算机，采用了典型的计算机结构，由硬件和软件两部分组成。硬件配置主要由中央处理器（CPU）、存储器、输入/输出接口电路、电源、编程器以及一些扩展模块组成，如图 5-3 所示。

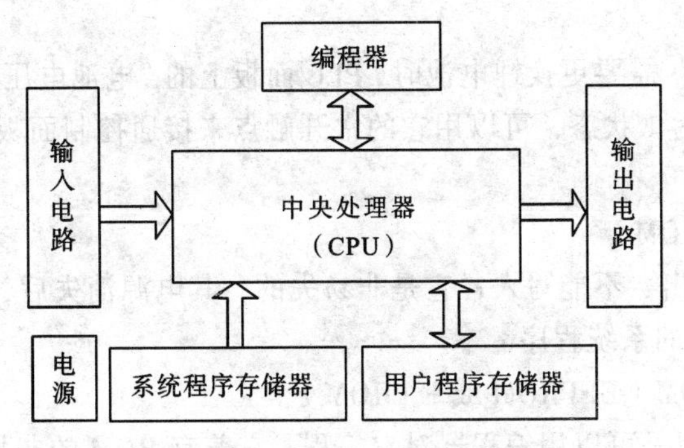

图 5-3　PLC 结构框图

1．中央处理器（CPU）

PLC 的中央处理器与一般的计算机控制系统一样，是整个系统的核心，起着类似人体的大脑和神经中枢的作用，它按 PLC 中系统程序赋予的功能，指挥 PLC 有条不紊地进行工作。其主要任务有如下几个方面：

① 控制从编程器、上位机和其他外围设备输入的用户程序和数据的接收与存储。

② 用扫描的方式通过电源 I/O 部件接收现场的状态或数据，并存入指定的存储单元或数据寄存器中。

③ 诊断电源、PLC 内部电路的工作故障和编程中的语法错误等。

④ PLC 进入运行程序后，从存储器逐条读取用户指令，经过命令解释后按指令规定的任务进行数据传送、逻辑或算数运算等。

⑤ 根据运算结果，更新有关标志位的状态和输出寄存器的内容，再经输出部件实现输出控制、制表、打印或数据通信等功能。

与通用微机不同的是，PLC 具有面向电气技术人员的开发语言。通常用户使用虚拟的输入继电器、输出继电器、中间辅助继电器、时间继电器、计数器等，这些虚拟的继电器也称为“软继电器”或“软元件”，理论上具有无限的动合、动断触点，但只能在 PLC 上编程时使用，其具体结构对用户透明。

2．存储器

PLC 的存储器分为系统程序存储器和用户程序存储器。系统程序相当于个人计算机的操作系统，它使 PLC 具有基本的智能，能够完成 PLC 设计者规定的各种动作。系统程序由 PLC 生产厂家设置并固化在 ROM 内，用户不能直接读取。PLC 的用户程序由用户设置，它决定了 PLC 输入信号之间的具体关系。用户程序存储量一般以字（每个字由 16 位二进制数组成）为单位，三菱的 FX 系列 PLV 的用户程序存储器的单位为步（STEP，即字）。小型 PLC 的用户程序存储器容量在 1KB 左右，大型 PLC 的用户程序存储器容量可达数 MB（兆字节）。

PLC 常用以下几种存储器：

（1）随机存取存储器（RAM）

用户可以用编程器读出 RAM 中的内容，也可以将用户程序写入 RAM，因此 RAM 又称读/写存储器。它是易失性的存储器，将它的电源断开后，存储的信息将丢失。

RAM 的工作速度快，价格低，改写方便。为了在关断 PLC 外部电源后，保存 RAM 中的用户程序和数据（如计数器的计数值），为 RAM 配备了一个后备电池。现在的 PLC 用 RAM 来存储程序。

锂电池可用 2～5 年，需要更换锂电池时，PLC 面板上的“电池电压过低”发光二极管变亮，同时有一个内部标志变为 1 状态，可以用它的常开触点来接通控制面板上的指示灯或声光报警器，通知用户更换电池。

（2）只读存储器（ROM）

ROM 的内容只能读出，不能写入，它是非易失的，其电源消失后，仍能保存存储的内容。ROM 一般用来存放 PLC 的系统程序。

（3）可电擦除 EPROM（EEPROM 或 E^2PROM）

它是非易失性的，但是可以用编程器对它编程。它兼有 ROM 的非易失性和 RAM 的随机性存取优点，但是写入信息所需时间比 RAM 长得多。E^2PROM 用来存放用户程序。有的 PLC 将 E^2PROM 作为基本配置，有的 PLC 将 E^2PROM 作为可选件。

3. 输入/输出接口电路

实际生产中信号电平是多样的，外部执行机构所需要的电平也是不同的，而可编程序控制器的 CPU 所处理的信号只能是标准电平，因此，需要通过输入/输出单元实现这些信号电平的转换。可编程序控制器的输入/输出单元实际上是 PLC 与被控制对象之间传送信号的接口部件。

输入/输出单元具有良好的电隔离和滤波作用。连接到 PLC 输入端的输入器件是各种开关、传感器等。通过接口电路将这些开关信号转换成为 CPU 能够识别和处理的信号，并送入输入映像寄存器。运行时 CPU 从输入映像寄存器中读取输入信息并进行处理，将处理结果存放到输出映像寄存器。输入/输出映像寄存器由相应的输入/输出触发器组成，输出接口将其弱电控制转换为现场所需要的强电信号输出，驱动显示灯、电磁阀、继电器、接触器等各种被控设备的执行器件。

（1）输入接口电路

为了防止各种干扰信号和高电压信号进入 PLC，输入接口电路一般由 RC 滤波器消除输入端的抖动和外部噪声干扰，由光电耦合电路进行隔离。光电耦合电路由发光二极管和光电三极管组成。

各种 PLC 输入电路的结构大都相同，其输入方式有两种类型：一种是直流输入（直流 12V 或 24V），如图 5-4（a）所示；另一种是交流输入（交流 100～120V 或 200～240V），如图 5-4（b）所示。它们都是由装在 PLC 面板上的发光二极管来显示某一输入点是否有信号输入。

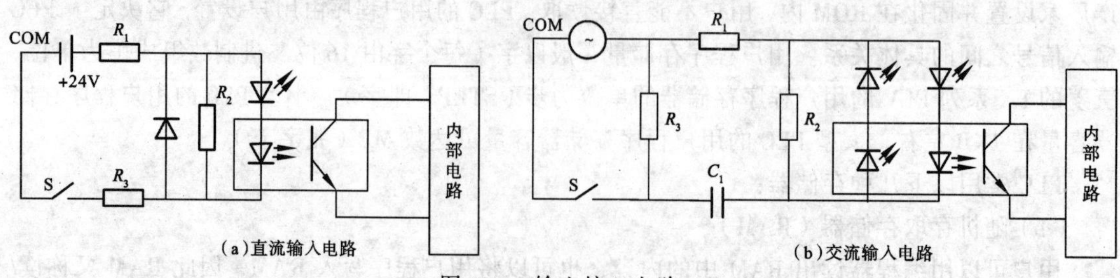

图 5-4 输入接口电路

外部器件可以是无源触点，如按钮、行程开关等，也可以是有源器件，如传感器、接近开关、光电开关等。在 PLC 内部电源容量允许的情况下，有源器件可以采用 PLC 内部电源，否则必须外设电源。当输入信号为模拟量时，信号必须经过专用的模拟量输入模块进行 A/D 转换后才能送入 PLC 内部。输入信号通过输入端子经 RC 滤波、光电隔离进入内部电路。

（2）输出接口电路

PLC 的输出有 3 种形式：继电器输出、晶体管输出、晶闸管输出。图 5-5 给出了 PLC 的 3 种输出电路图。每种输出都采用了电气隔离技术，电源由外部供给，输出电流一般为 0.5 ~ 2A，输出电流的额定值与负载性质有关。

继电器输出方式最常用，适用于交、直流负载，其特点是带负载能力强，但动作频率与响应速度慢。

晶体管输出适用于直流负载，其特点是动作频率高，响应速度快，但带负载能力小。

晶闸管输出适用于交流负载，响应速度快，带负载能力不大。

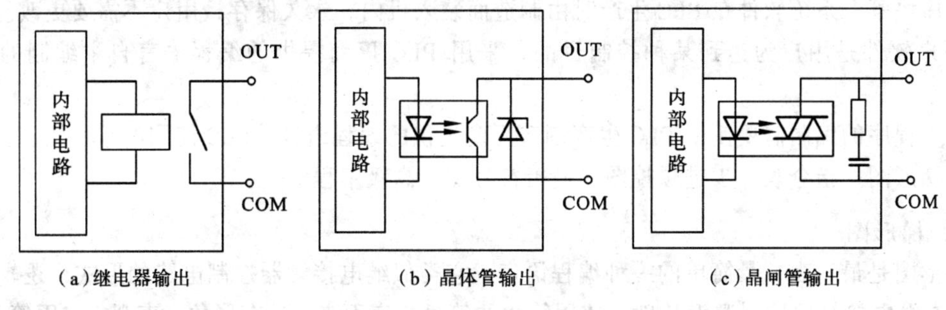

图 5-5　输出接口电路

输出接口电路规格如表 5-1 所示。

表 5-1　输出接口电路规格

项　目		继电器输出	晶体管输出	晶闸管输出
负载电源		AC 250V 以下、DC 30V 以下	DC 5~30V	AC 85~242V
电路绝缘		机械绝缘	光电耦合绝缘	光电耦合绝缘
负载电流		2A/1 点 8A/4 点公用	0.5A/1 点 0.8A/4 点	0.3A/1 点 0.8A/4 点
响应时间	断→通	约 10 ms	0.2 ms 以下	1 ms 以下
	通→断	约 10 ms	0.2 ms 以下	10 ms 以下

4．电源

PLC 的电源分为外部电源、内部电源和后备电源三类。在现场控制中，干扰侵入 PLC 的主要途径之一是通过电源，因此，合理地设计电源是 PLC 可靠运行的必要条件。

内部电源是 PLC 的工作电源，有时也作为现场输入信号的电源。其性能好坏直接影响到 PLC 的可靠性，为了保证 PLC 可靠工作，对它提出了较高的要求，一般可从 4 个方面考虑：

① 内部电源与外电源隔离，减小供电线路对内部电源的影响。

② 有较强的抗干扰能力（主要是高频干扰）。

③ 电源本身功能耗尽可能低，在供电电压波动范围较大时，能保证正常稳定的输出。

④ 良好的保护功能。

5．编程器

编程器是 PLC 最重要的外围设备。利用编程器可将用户程序输入到 PLC 存储器，可以利用编程器检查、修改、调试程序，还可以用编程器监视程序的运行及 PLC 的工作状态。小型 PLC 常用的简易型便携式或手持式编程器。计算机添加适当的硬件接口电缆和编程软件，也可以对 PLC 进行编程。计算机编程可以直接显示梯形图、读出程序、写入程序、监控程序运行等。

三、可编程序控制器的软件系统

PLC 是一种工业控制计算机，不仅有硬件，软件也必不可少。PLC 的软件又分为系统软件和用户软件。

系统软件包括系统的管理程序、用户指令的解释程序，另外还包括一些供系统调用的专用标准程序块等。系统软件在 PLC 生产时由制造商装入机内，永久保存，用户不需要更改。

用户软件是用户为达到某种控制目的，采用 PLC 厂商提供的编程语言自主编制的应用程序。

用户程序的编制需要使用 PLC 生产制造厂商提供的编程语言。PLC 使用的编程语言共有 5 种，即梯形图、指令表、步进顺控图、逻辑符号图、高级编程语言。

1．梯形图

梯形图是最直观、最简单的一种编程语言，它类似继电接触器控制电路的形式，逻辑关系明显，在继电接触器控制逻辑基础上使用简化的符号演变而来，具有形象、直观、实用等优点，电气技术人员容易接受，是目前使用较多的一种 PLC 编程语言。

继电接触器控制线路图和 PLC 梯形图如图 5-6 所示。

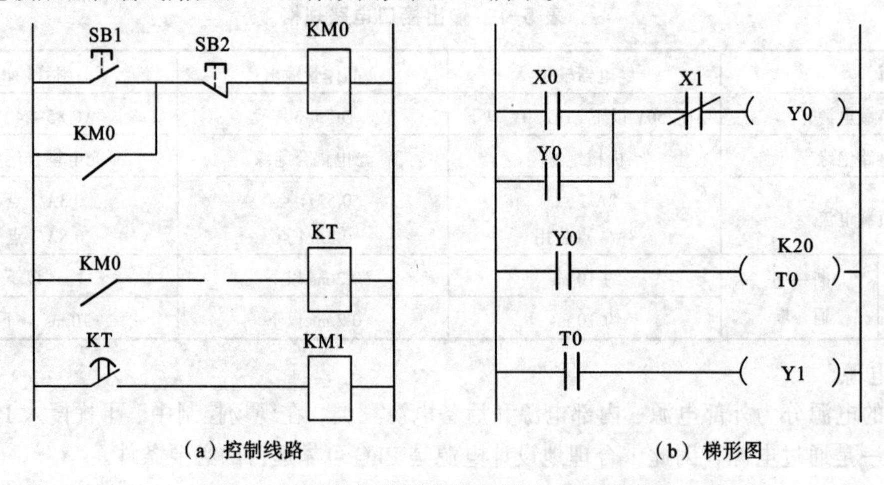

图 5-6　继电接触器控制线路和 PLC 梯形图

由图 5-6 可见，两种控制图逻辑含义是一样的，但具体表示方法有本质区别。梯形图中的继电器、定时器、计数器不是实物的继电器、定时器、计数器，这些元件实际是 PLC 存储器中的存储位，因此称为软元件，相应的位为“1”状态，表示该继电器线圈通电、常开触点闭合、常闭触点断开。

梯形图左右两端的母线是不接任何电源的。梯形图中并不流过真实的电流，而是概念电流

（假想电流）。假想电流只能从左到右，从上到下流动。假想电流是执行用户程序时满足输出条件而进行的假设。

梯形图由多个梯级组成，每个梯级由一个或多个支路和输出元件构成。同一个梯形图中的编程元件，不同的厂家会有所不同，但它们表示的逻辑控制功能是一致的。

利用梯形图或基本指令编程，要符合一些编程的规则。

① 从左至右。梯形图的各类继电器触点要以左母线为起点，各类继电器线圈以右母线为终点（可允许省略右母线）。从左至右分行画出，每一逻辑行构成一个梯级，每行开始的触点组构成输入组合逻辑（逻辑控制条件），最右边的线圈表示输出函数（逻辑控制的结果）。

② 从上到下。各梯级从上到下依次排列。

③ 水平放置编程元件。触点画在水平线上（主控触点除外），不能画在垂直线上。

④ 线圈右边无触点。线圈不能直接接左母线，线圈右边不能有触点否则将发生逻辑错误。

⑤ 双线圈输出应慎用。如果在同一个程序中，同一个元件的线圈被使用两次或多次，则称为双线圈输出。这时前面的输出无效，只有最后一次有效。双线圈输出在程序方面并不违反输入，但输出动作复杂，因此应谨慎使用。图 5-7（a）所示为双线圈输出，可以通过变换梯形图避免双线圈输出，如图 5-7（b）所示。

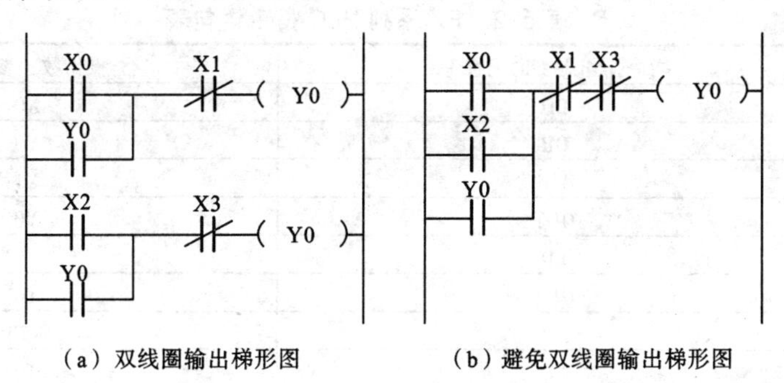

（a）双线圈输出梯形图　　（b）避免双线圈输出梯形图

图 5-7　双线圈输出

⑥ 触点使用次数不限。触点可以串联，也可以并联。所有输出继电器都可以作为辅助继电器使用。

⑦ 合理布置。串联多的电路放在上部，并联多的电路移近左母线，可以简化程序，节省存储空间，如图 5-8 所示。

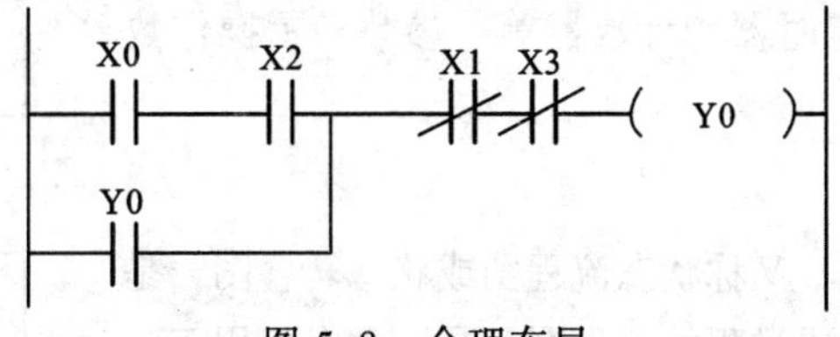

图 5-8　合理布局

⑧ PLC 是串行运行的，PLC 程序的顺序不同，其执行结果有差异，如图 5-9 所示。程序从第一行开始，从左到右、从上到下顺序执行。图 5-9（a）中，X0 为 ON，Y0、Y1 为 ON，Y2 为 OFF；图 5-9（b）中，X0 为 ON，Y0、Y2 为 ON，Y1 为 OFF。而继电接触控制是并行的，

带能源接通，各并联支路同时具有电压，同时动作。

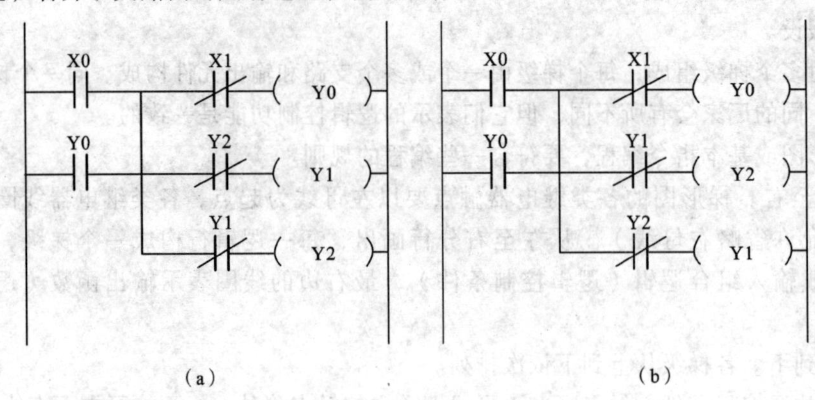

图 5-9 串行运行差异

2．指令语句表

指令语句表是一种与计算机汇编语言相类似的助记符编程语言，简称语句表，它用一系列操作指令组成的语句描述控制过程，并通过编程器传输到 PLC 中。不同厂家的指令语句表使用的助记符可能不同，因此一个功能相同的梯形图，书写的指令语句表可能并不相同。表 5-2 为用三菱 FX 系列 PLC 指令语句表完成的图 5-9（b）控制功能编写的程序。

表 5-2 FX 系列 PLC 指令语句表

步序	指令操作码（助记符）	操作数（参数）
0	LD	X0
1	OR	Y0
2	ANI	X1
3	OUT	Y0
5	LD	Y0
6	OUT	T0
7、8		K20
9	LD	T0
10	OUT	Y1

指令语句表编程语言是由若干条语句组成的程序，语句是程序的最小独立单元。每个操作功能由一条语句来表示。PLC 的语句由指令操作码和操作数两部分组成。操作码由助记符表示，用来说明操作的功能，告诉 CPU 做什么，例如，逻辑运算的与、或、非等和算术运算的加、减、乘、除等。操作数一般由标志符和参数组成。标志符表示操作数类别，如输入继电器、定时器、计数器等。参数表示操作数地址或预定值。

3．进顺控图

步进顺控图简称步进图，又称状态流程图或状态转移图，是使用状态来描述空盒子任务或过程的流程图，是一种专门用于工业顺序控制的程序设计语言。它能完整地描述控制系统的工作过程、功能和特性，是分析、设计电气控制系统控制程序的重要工具。步进顺控图如图 5-10 所示。

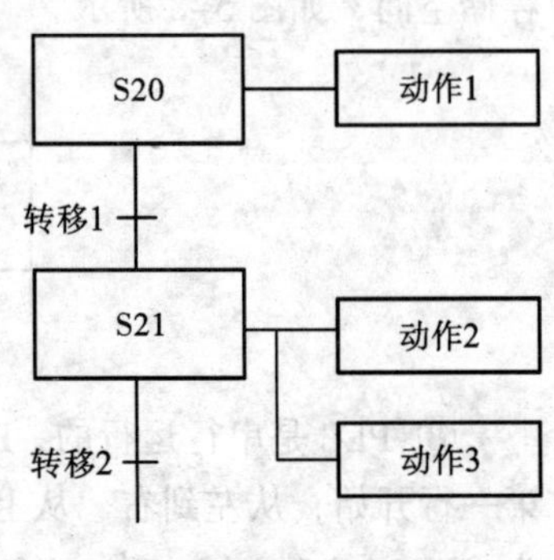

图 5-10 步进顺控图

4．逻辑符号图

逻辑符号图与数字电路的逻辑图极为相似，模块有输入端、输出端，使用与、或、非、异或等逻辑描述输出端和输入端的函数关系，模块间的连接方式与电路连接方式基本相同。逻辑符号图编程语言，直观易懂，容易掌握。三菱 FX2N 没有此功能，如图 5-11 所示。

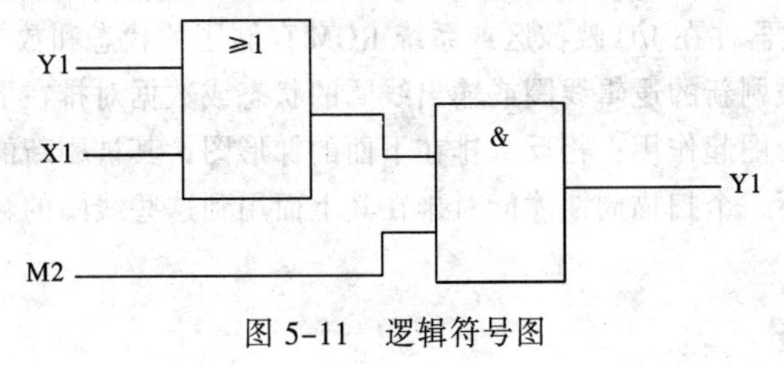

图 5-11 逻辑符号图

5．高级编程语言

在大型 PLC 中，为了完成具有数据处理、PID 调节、定位控制、图形操作等较为复杂的控制，往往使用高级计算机编程语言，如 C 语言、BASIC 语言等，使 PLC 具有更强的功能。

四、可编程序控制器的工作原理

PLC 是一种工业控制计算机，所以它的工作原理与计算机的工作原理基本上是一致的。PLC 的工作方式是采用周期循环扫描。PLC 投入运行后，都是以重复的方式执行的，执行用户程序不是只执行一遍，而是一遍一遍不停地循环执行，这里每执行一遍称为扫描一次，扫描一遍用户程序的时间称为扫描周期。扫描一次，PLC 内部要进行一系列操作，大致分为 5 个阶段：故障诊断、通信处理、输入采样、程序执行、输出刷新。下面重点对输入采样、程序执行、输出刷新三步操作重点进行说明。这三步的流程图如图 5-12 所示。

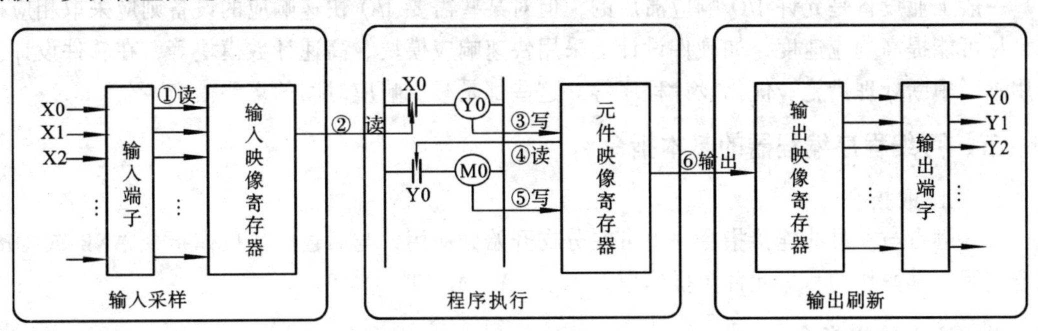

图 5-12 PLC 的扫描过程

1．输入采样阶段

当 PLC 投入运行时，PLC 以扫描方式依次读入所有输入端子口的状态和数据，并把这些数据存入映像区的相应单元内。输入采样结束后，转入用户程序执行和输出刷新阶段。在这两个阶段中，即使输入状态和数据发生变化，映像区中相应单元的状态和数据也不会改变。因此，如果输入是脉冲信号，则该脉冲信号的宽度必须大于一个扫描周期，才能保证该输入信号不被丢失。

2．程序执行阶段

PLC 在用户程序执行阶段，CPU 总是按由上而下的顺序依次扫描用户的梯形图程序。扫描每一条梯形图支路时，又是按由左到右、先上后下的顺序对由触点和线圈构成的控制线路进行逻辑运算，并根据逻辑运算的结果，刷新该逻辑线圈在系统 RAM 存储器中对应位的状态；或者确定是否要执行该梯形图所规定的特殊功能指令。

要指出的是，在执行用户程序阶段，只有输入点在 I/O 映像区内的状态和数据不会发生变化，而其他输出点和软器件在 I/O 映像区或系统 ROM 存储区的状态和数据都可能发生变化。排在上面的梯形图，其被刷新的逻辑线圈或输出线圈的状态或数据对排在下面的凡是用到这些线圈的触点或数据的梯形图起作用；相反，排在下面的梯形图，其被刷新的逻辑线圈或输出线圈的状态或数据只能到下一个扫描周期才能对排在其上面用到这些线圈的触点或数据的梯形图起作用。

3．输出刷新阶段

PLC 的 CPU 扫描用户程序结束后，PLC 就进入输出刷新阶段。在此期间，CPU 按照 I/O 映像区内对应的状态和数据刷新所有的输出锁存电路，再经输出电路驱动相应的被控负载，这才是 PLC 的真正输出。

用户程序执行扫描方式即可按上述固定顺序方式，也可以按程序指定的可变顺序进行。

循环扫描的工作方式是 PLC 的一大特点，针对工业控制采用这种工作方式使 PLC 具有一些优于其他各种控制器的特点。例如，可靠性、抗干扰能力明显提高；串行工作方式避免触点（逻辑）竞争；简化程序设计；通过扫描时间定时监视可诊断 CPU 内部故障，避免程序异常运行的不良影响等。

循环扫描工作方式的主要缺点是带来了 I/O 响应滞后性。影响 I/O 响应滞后的主要因素有：输入电路、输出电路的响应时间、PLC 中 CPU 的运算速度、程序设计结构等。

一般工业设备是允许 I/O 响应滞后的，但对某些需要 I/O 快速响应的设备则应采取相应措施，尽可能提高响应速度，如硬件设计上采用快速响应模块、高速计数模块等，在软件设计上采用不同中断处理措施、优化设计程序等。这些都是减少响应时间的重要措施。

五、可编程序编程器的基本指令

1．LD 取指令

常开触点与左母线连接指令，也可在分支开始处使用，与后述的块操作指令 ANB 或 ORB 配合使用。其操作的目标元件（操作数）为 X、Y、M、T、C、S。

2．OUT 输出指令

线圈驱动指令，用逻辑运算的结果去驱动一个指定的线圈，线圈必须与右母线相连（程序中右母线可以省略不画）。本指令可驱动输出继电器、辅助继电器、定时器、计数器、状态继电器和功能指令，但不能驱动输入继电器；其目标元件为 Y、M、T、C、S 和功能指令线圈 F；可并行输出，在梯形图中相当于线圈并联；注意输出线圈不能串联使用。对定时器、计数器的输出，除使用 OUT 指令外，还必须设置时间常数 *K*，或指定数据寄存器的地址，设置时间常数 *K* 要占用一步。

3．END 结束指令

程序结束并返回程序开始处。

例如：把如图 5-13 所示的点动控制梯形图用指令形式列出，并输入 PLC 运行。

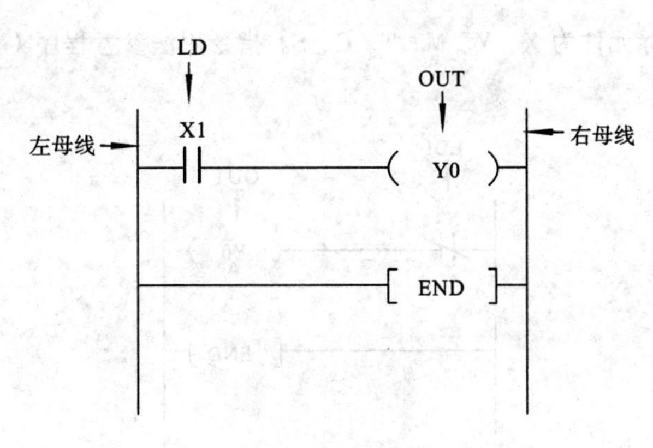

图 5-13　梯形图

解：按照梯形图转换成指令程序的方法，按自上而下、自左至右依次进行转换，指令程序为：

```
0 LD X1
1 OUT Y0
2 END
```

例题说明：

当按下按钮时，X1 接通，线圈 Y0 得电吸合，电动机转动。当松开按钮时,按钮 X1 断开，线圈 Y0 断电复位，电动机停转。程序的执行过程是:程序从第 0 步指令开始执行,扫描 PLC 的输入点的状态并存储到 PLC 的输入映像寄存器中，然后进行逻辑运算 (执行程序),将运算的结果存到输出映像寄存器中，最后统一输出，到最后一步指令 END 结束后,又返回到第 0 步程序处。执行过程可参考控制示意图（见图 5-14）和时序图（见图 5-15）。

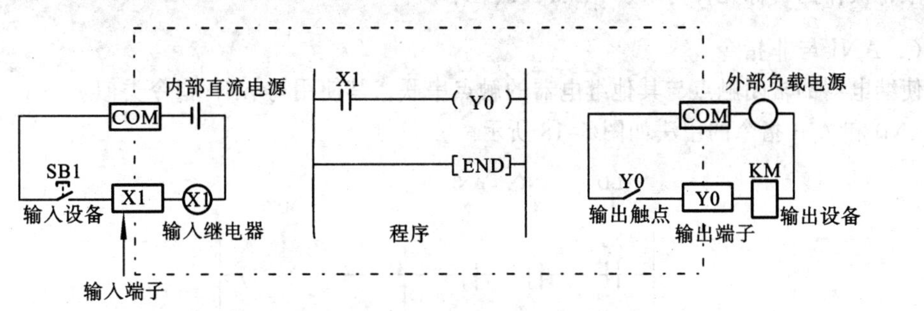

图 5-14　控制示意图

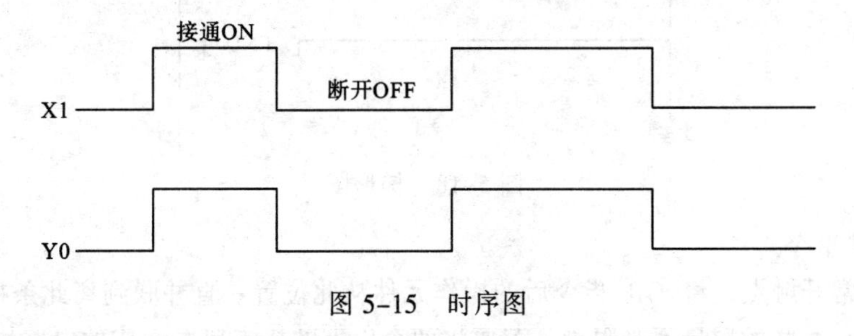

图 5-15　时序图

4．LDI 取反指令

常闭触点与母线连接指令，也可在分支开始处使用，与后述的块操作指令 ANB 或 ORB 配合使用。其操作的目标元件为 X、Y、M、T、C、S。指令用法参考程序（见图 5-16）和时序图（见图 5-17）。

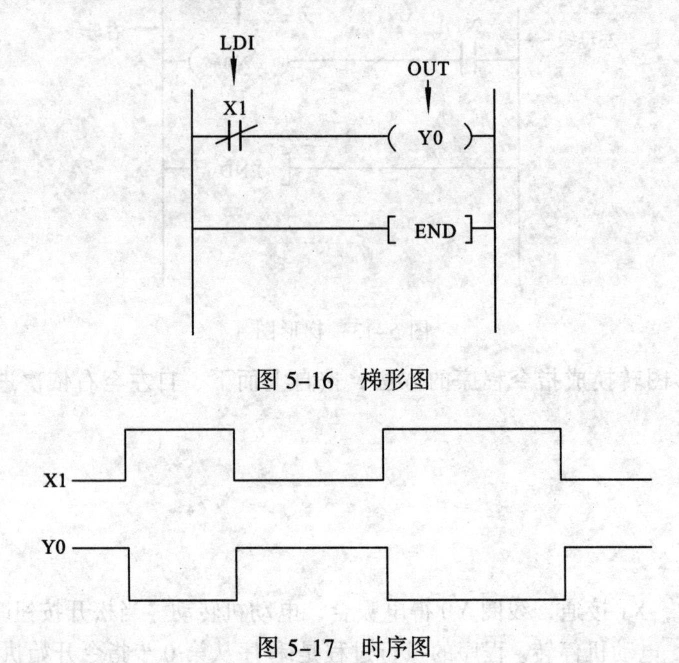

图 5-16　梯形图

图 5-17　时序图

5．AND 与指令

使继电器的常开触点与其他继电器的触点串联。串联接点的数量不限，重复使用指令的次数不限；操作的目标元件为 X、Y、M、T、C、S。

6．ANI 与非指令

使继电器的常闭触点与其他继电器的触点串联，其使用与 AND 指令类似。

AND 和 ANI 指令的用法如图 5-18 所示。

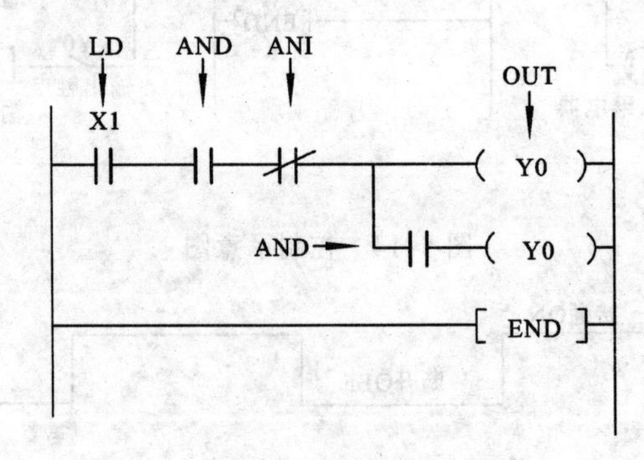

图 5-18　梯形图

7．OR 或指令

并联单个常开触点，将 OR 指令后的操作元件从此位置一直并联到离此条指令最近的 LD 或 LDI 指令上，并联的数量不受限制。若要将两个以上的接点串联而成的电路块并联，要用到电路块的并联指令（ORB 指令），若想深入学习可专门参阅有关可编程序控制器的教材。

8．ORI 或非指令

并联单个常闭触点，其使用同 OR 指令类似。

OR 和 ORI 指令的用法如图 5-19 所示。

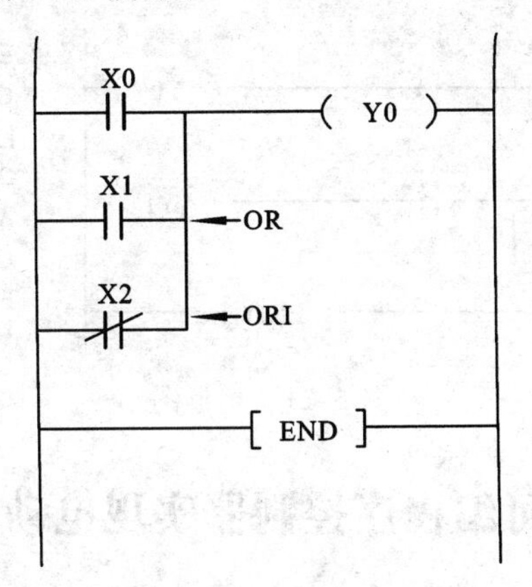

图 5-19　梯形图

六、编程举例

1．控制要求

按下按钮 SB1 后，小灯 L1 亮，松开 SB1 按钮，小灯 L1 灭。按下按钮 SB2 后，小灯 L2 长亮，按下按钮 SB3 后，小灯 L2 灭。

2．方法与步骤

列出 I/O 分配表和 I/O 外部接线图。

（1）I/O 分配表

输入信号：SB1　X0

SB2　X1

SB3　X2

输出信号：L1　Y0

L2　Y1

（2）I/O 外部接线图如图 5-20 所示。

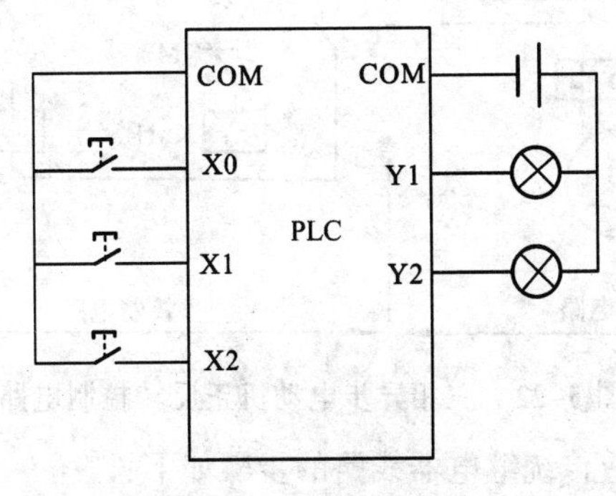

图 5-20　I/O 接线图

分析并编制程序：

① 使 Y0 输出的信号 X0。

② 使 Y1 输出的信号 X1。

③ 使 Y1 停止输出的信号 X2。

据此编制程序（见图 5-21 所示）：

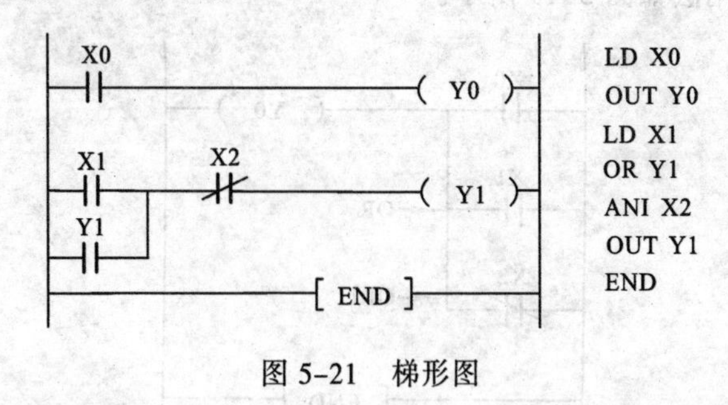

图 5-21　梯形图

任务 2　了解可编程序控制器实现电动机的控制功能

传统的继电器控制系统中分主电路和控制电路两部分，主电路用于直接带大功率负载的通断，而可编程序控制器的输出继电器触点容量有限，需要通过交流接触器来通断大功率负载，因此可编程序控制器只能替换控制电路。下面列举几个具体的改造项目。

一、三相异步电动机正反转控制电路的 PLC 改造

三相异步电动机正反转控制，是通过正、反向接触器改变定子绕组的相序。其中有一个很重要的问题就是必须保证任何时候、任何条件下，正、反向接触器都不能同时接通，否则将造成三相电源相间瞬时短路。为此，在图 5-22 中采用正、反转按钮互锁，将两个接触器 KM1 和 KM2 的常闭触点也组成互锁。这样双重互锁就能够保证接触器 KM1 和 KM2 不会同时接通。

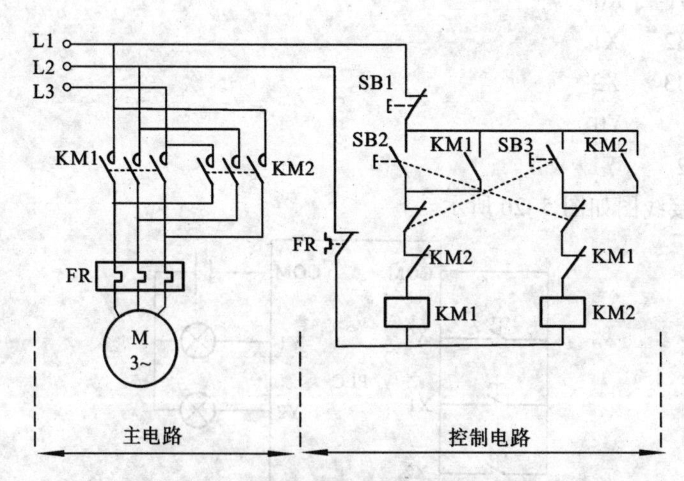

图 5-22　三相异步电动机正反转控制电路

运用可编程序控制器改造传统继电器线路的步骤如下：

① 设置输入/输出端口分配表（为了选择合适的 PLC 容量）如表 5-3 所示。

表 5-3　输入/输出端口分配表

输入端口（I）	输出端口（O）
X1——SB1（停止按钮）	Y1——KM1（正转接触器）
X2——SB2（正转按钮）	Y2——KM2（反转接触器）
X3——SB3（反转按钮）	Y3、Y4——备用
X4——FR（过载保护）	
X5、X6——备用	

② 绘制 PL C 的输入/输出（I/O）接线图，如图 5-23 所示。

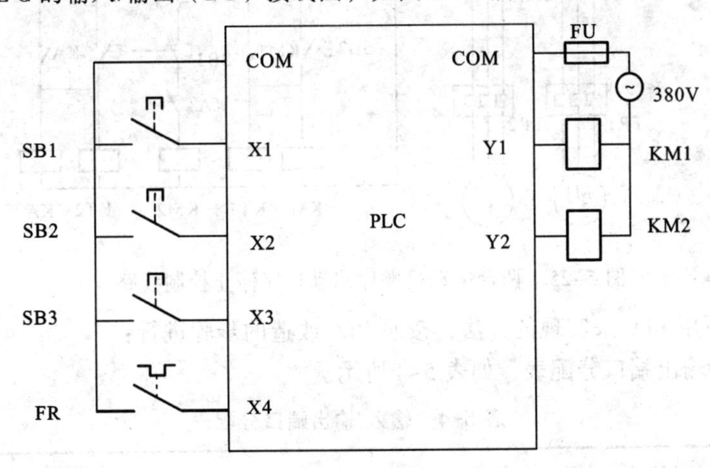

图 5-23　PLC 的输入/输出（I/O）接线图

③ 编制梯形图程序，如图 5-24（a）所示。

④ 编写指令表助记符程序，如图 5-24（b）所示。

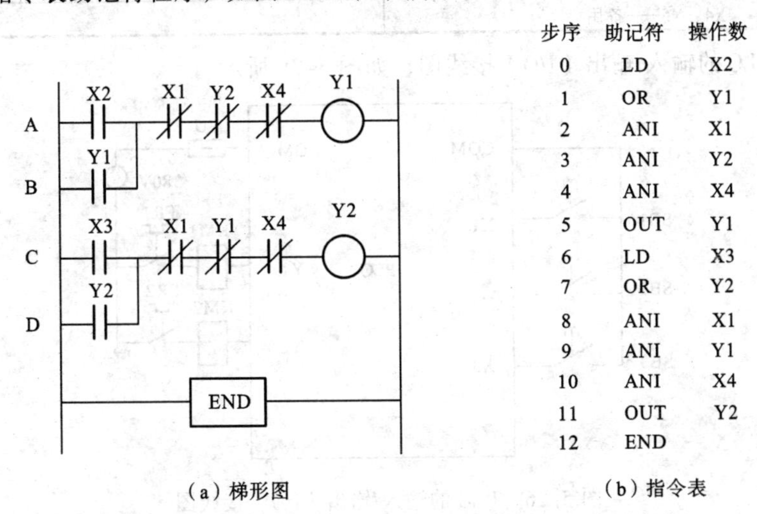

步序	助记符	操作数
0	LD	X2
1	OR	Y1
2	ANI	X1
3	ANI	Y2
4	ANI	X4
5	OUT	Y1
6	LD	X3
7	OR	Y2
8	ANI	X1
9	ANI	Y1
10	ANI	X4
11	OUT	Y2
12	END	

（a）梯形图　　（b）指令表

图 5-24　梯形图与助记符编程

二、两台电动机顺序启动逆序停止控制的 PLC 实现

两台电动机顺序启动逆序停止是生产线经常采用的控制线路，如图 5-25 所示。电动机 M1 启动后，由时间继电器 KT1 设置延长的时间到了，才能启动电动机 M2 工作；而停止时必须先按下停止按钮 SB3，将电动机 M2 停止后，由时间继电器 KT2 设置延长的时间来控制电动机 M1 的停止。

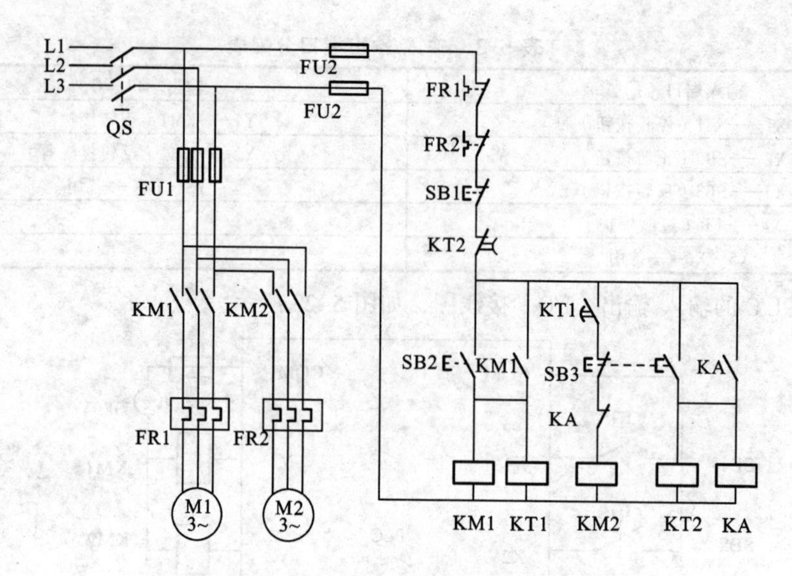

图 5-25　两台电动机顺序启动逆序停止控制线路

下面介绍一下用 PLC 来实现的方法，按照 PLC 改造的步骤进行：

① 设置输入/输出端口分配表，如表 5-4 所示。

表 5-4　输入/输出端口分配表

输入端口（I）	输出端口（O）
X1——SB1（紧急停止按钮）	Y1——KM1（电动机 M1 接触器）
X2——SB2（正转按钮）	Y2——KM2（电动机 M2 接触器）
X3——SB3（停止按钮）	Y3、Y4——备用
X4、X5——备用	

② 绘制 PLC 的输入/输出（I/O）接线图，如图 5-26 所示。

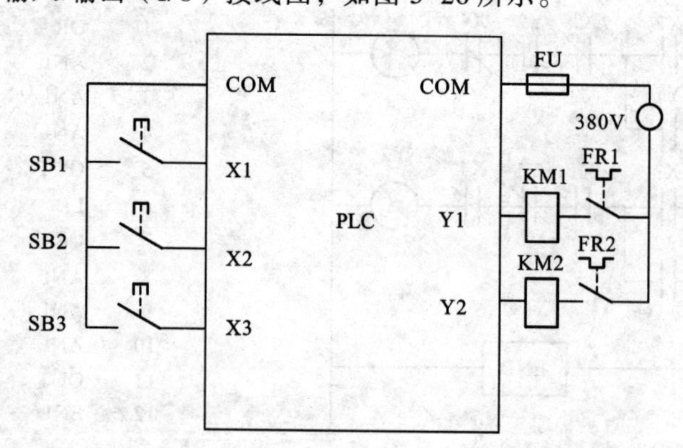

图 5-26　PLC 的输入/输出（I/O）接线图

③ 编制梯形图程序，如图 5-27（a）所示。

④ 编写指令表助记符程序，如图 5-27（b）所示。

三、磨床的 PLC 改造

对 M7120 平面磨床电气控制线路进行分析，PLC 改造后需要完成开门断电功能、主轴电动机的正反转控制功能、刀架的快速移动功能、冷却泵电动机的控制功能。然后，根据 M7120 平面磨床的控制电路设置输入、输出端口，绘制 PLC 的 I/O 接线图，编制梯形图和助记符（指令表），编译通过后，利用 PLC 软件进行实验仿真。由于 PLC 具有极高的可靠性、丰富的指令集，易于掌握，操作便捷，内置丰富的集成功能，能够使 M7120 平面磨床在完成原有的功能外，还具有安装简便、稳定性好、易于维修、扩展能力强等特点。

M7120 平面磨床电气控制线路所需要的元件，如表 5-5 所示。

X001　X002　(M0)
M0　(T0 k50)
M0　T1　X000　(Y001)
M1
T0　X002　X000　(Y002)
Y002
X002　T1　(M1)
M1　(T1 k100)
[END]

（a）梯形图

步序	指令	元件	步序	指令	元件
0	LD	X001	13	ANI	X002
1	OR	M0	14	ANI	X000
2	ANI	X002	15	OUT	Y002
3	OUT	M0	16	LD	X002
4	OUT	T0	17	OR	M1
5,6		K50	18	ANI	T1
7	LD	M0	19	OUT	M1
8	OR	M1	20	OUT	T1
9	ANI	T1	21,22		K100
10	ANI	X000	23	END	
11	LD	T0			
12	OR	Y002			

（b）指令表

图 5-27　梯形图与助记符编程

表 5-5　元件清单

序号	符号	名　称	规格型号	数量	备注
1	KM1	液压泵电动机交流接触器	CJX1-10 10A,220V	1	
2	KM2	砂轮电动机交流接触器	CJX1-20 20A,220V	1	
3	KM3	冷却电动机交流接触器	CJX1-5 5A,220V	1	
4	KM4	电动机交流接触器	CJX1-5 5A,220V	1	
5	FR1	液压泵电动机热继电器	FR16-5/3D	1	
6	FR2	砂轮电动机热继电器	FR16-16/3D	1	
7	FR3	冷却电动机热继电器	FR16-0.72/3D	1	
8	FR4	砂轮升降电动机热继电器	FR16-3.5/3D	1	
9	FU1	主电源熔断器	RC1A-60/35	3	
10	FU2	电磁吸盘熔断器	RC1A-5/2	2	
11	FU3	PLC 熔断器	RC1A-30/20	1	
12	FU4	指示灯熔断器	RC1A-5/2	1	
13	FU5	照明灯熔断器	RC1A-5/2	1	
14	KV	欠电压继电器	DDY-220V	1	
15	SB1	停止按钮	LA18-22	1	红色
16	SB2	液压泵停止按钮	LA18-22	1	红色
17	SB3	液压泵启动按钮	LA18-22	1	绿色
18	SB4	砂轮、冷却停止按钮	LA18-22	1	红色

续表

序号	符号	名　称	规格型号	数量	备注
19	SB5	砂轮、冷却的启动按钮	LA18-22	1	绿色
20	SB6	砂轮上升按钮	LA18-22	1	黑色
21	SB7	砂轮下降按钮	LA18-22	1	黑色
22	SB8	吸盘停止按钮	LA18-22	1	黑色
23	SB9	吸盘通磁按钮	LA18-22	1	绿色
24	SB10	吸盘退磁按钮	LA18-22	1	黑色
25	EL	LED 指示灯	6V/AC 9 mA	5	绿色
26	HL	LED 照明类	24VAC/350 mA	1	
27	YH	电磁吸盘	HDXP/127V 1.45 A	1	
28	C	电容	5mf	1	
29	R	电阻	220Ω 1 kW	1	
30	VC	整流器	2CZ11C	1	

① 根据 M7120 平面磨床电气控制线路（见图 4-9）设置输入/输出端口，如表 5-6 所示。

表 5-6 输入/输出端口（I/O）分配表

输入（I）			输出（O）		
功能	电路元件	PLC 地址	功能	电路元件	PLC 地址
砂轮启动按钮	SB4	X1	砂轮电动机 MA 控制	KM1	Y0
砂轮停止按钮	SB3	X2	液压泵电动机 M3 控制	KM2	Y1
液压泵启动按钮	SB2	X3	冷却泵电动机 M2 控制	KM3	Y2
液压泵停止按钮	SB1	X4	电磁吸盘弃磁控制	KM4	Y3
冷却泵启动按钮	SB4	X5	电磁吸盘退磁控制	KM5	Y4
冷却泵停止按钮	SB3	X6	照明灯	EL	Y5
电磁吸盘弃磁按钮	SB8	X7			
电磁吸盘退磁按钮	SB9	X10			
照明灯控制	SA	X11			
欠电流继电器 KA 输入	KA	X0			

② 设计 PLC 的外部接线图，如图 5-28 所示。

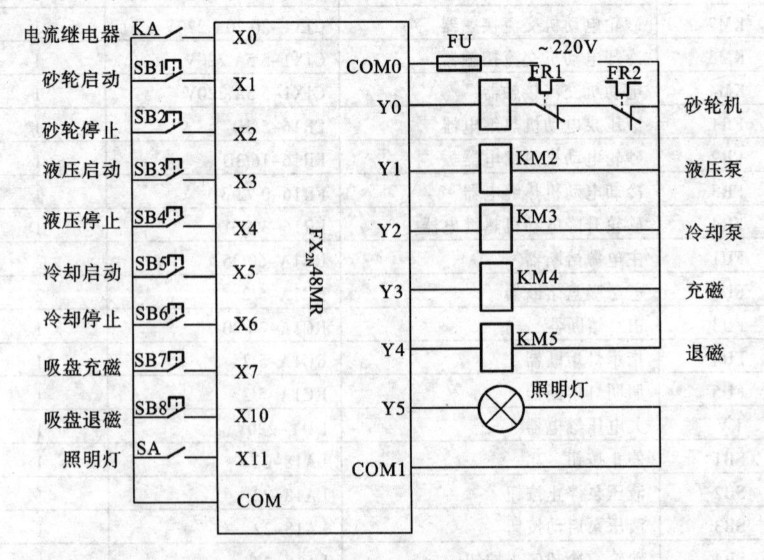

图 5-28 PLC 外部接线图

③ 进行梯形图编程如图 5-29 所示。

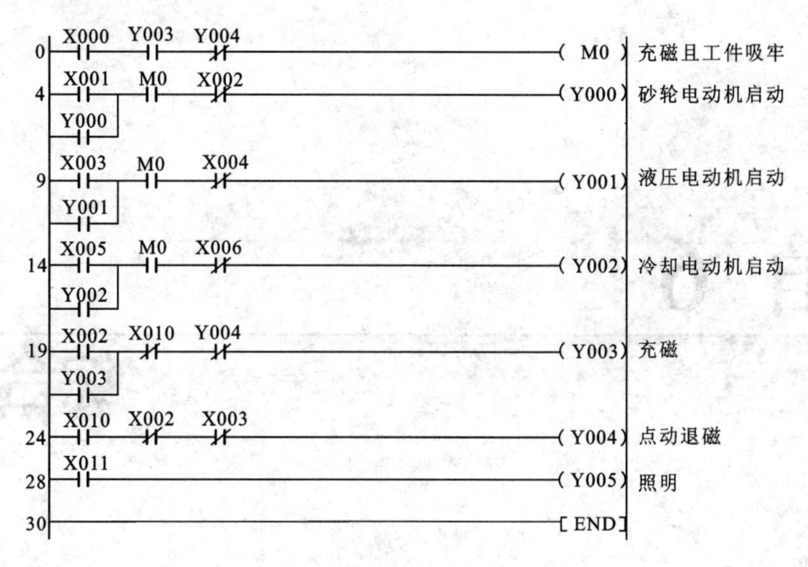

图 5-29　梯形图

从梯形图中可以看出，在总开关闭合的情况下（KA 得电常开闭合）:

① 按下 SB7（X007）时，Y 003 得电自锁并充磁。

② M0 得电，电磁吸盘充磁且工件吸牢，M0 常开闭合。

③ 此时按下 SB1（X001）砂轮启动或 SB3（X003）液压启动按钮，继电器 Y000、Y001 得电开始工作。

④ 按下 SB2（X002）砂轮停止按钮或 SB4（X004）液压停止按钮，继电器 Y000、Y001 失电停止工作。

⑤ SB5（X005）、SB6（X006）分别为冷却泵电动机的启停控制按钮。

⑥ SB8（X010）为电磁吸盘退磁按钮。

⑦ SA（X011）为照明灯控制开关。

思考题

1. 可编程序控制器的工作方式和微型计算机的工作方式有何不同?
2. 可编程序控制器的输出电路有哪几种？分别适合带什么类型的负载?
3. 可编程序控制器的主要组成部分有哪些?
4. 可编程序控制器的编程方式有哪些?
5. 为什么可编程序编程器的输入继电器 X 只有触点而不设线圈?
6. 可编程序控制器的内部继电器有哪些?
7. 为什么可编程序控制器只能改造控制电路?
8. 可编程序控制器的控制方式与传统继电器系统的控制方式有何不同?
9. 可编程序控制器梯形图的读图规则是什么?
10. 为什么可编程序控制器内部继电器的触点可在编程中使用无数多次?

项目 6

综合实训

项目描述

学习了低压电器的知识，了解电动机运转控制和各种机床电气线路，本项目结合所学内容进行实践训练。本项目要求学习安装三相异步电动机正反转控制线路，安装三相异步电动机星形/三角形变换启动线路；再学习几个控制线路运用 PLC 改造和程序实现的实例。

知识目标

- 学习低压电器和常用低压电器的知识，熟悉电动机的各种控制电路原理。
- 了解可编程序控制器的基本原理，初步学习运用简单的编制程序。

能力目标

- 会分析基本单元控制线路的工作原理。
- 能动手安装和接线基本单元控制线路。
- 会运用可编程序控制器改造传统的继电接触器控制线路。

任务 1　三相异步电动机正反转控制线路的安装

一、实训目的

掌握双重联锁正反转控制线路的正确安装和检修。

二、工具、仪表和器材

① 工具：测电笔、螺钉旋具、尖嘴钳、斜口钳等工具。

② 仪表：M47 型万用表、T301-A 型钳形电流表、5050 型兆欧表。

③ 器材：电工操作板一块。导线规格：动力电路采用 BV 1.5 mm 和 BVR 1.5 mm，控制线路采用 1 mm 塑铜线。接地线采用 BVR（双色绿黄塑铜线），紧固螺钉和编码管若干。

④ 元件明细表如表 6-1 所示。

表 6-1 元件明细表

代号	名称	型号	规格	数量
M	三相异步电动机	Y112M-4	4 kW 、380 V、8.8 A、1 440 r/min、△接法	1
QF	塑壳断路器	HZ10-25/3	三极、25A	1
FU1	熔断器(主)	RL1-60/25	500 V、60 A、配熔体 25 A	3
FU2	熔断器(控)	RL1-15/2	500 V、15 A、配熔体 2 A	2
KM1	交流接触器	CJ10-20	20 A、线圈电压 380 V	2
KH	热继电器	JR16-20/3	三极、20 A、额定电流 8.8 A	1
SB	按钮	LA10-3H	保护式、380 V、5 A、按钮数 3 个	1
XT	接线端子板	JX2-1015	380 V、10 A、15 节	1

三、安装步骤和工艺要求

① 根据表 6-1 配齐所需电器元件，并进行质量检验。电器元件应完好无损，各项技术指标符合规定要求，方可使用。

② 根据图 6-1 原理图设计电路布置图，并进行电器元件的定位安装，低压断路器、熔断器的受电端应该为控制板的外侧；元件的安装整齐、间隙合理，便于元件的更换；紧固元件用力均匀；要使元件牢固，又不会使元件损坏。

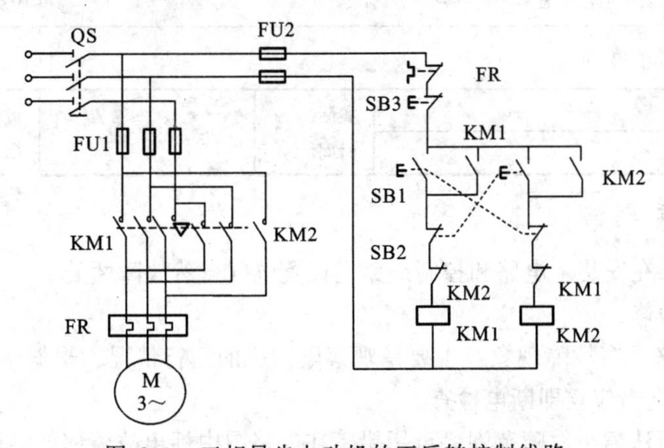

图 6-1 三相异步电动机的正反转控制线路

③ 导线严禁损伤线芯和导线绝缘层；接点牢靠，不得松动，不得压绝缘层，导线顺时针压线、不露铜过长等。

④ 安装电动机。要保证电动机牢固平稳、安全。

⑤ 金属外壳和电动机外壳可靠连接接地保护线。

⑥ 连接电源、电动机等控制板的外部导线。线槽布线应使导线在其线槽内，明线布置应采用绝缘良好的橡皮线进行。

⑦ 自我检查电路，确认。

⑧ 通电试车。通电需经指导教师同意后，接通电源。出现故障后，学生必须独立检修，提高对电路原理和工作综合熟悉程度。

⑨ 试车完毕后，停转、断电，拆卸电源线，再拆除电动机负载端线。

四、安装训练

① 根据所学的可逆运行电路绘制电路图。

② 根据所绘制电路图，改画正反转控制的接线图。

③ 根据电路图和接线图，将该电路安装调试成功。

④ 评分标准如表 6-2 所示。

表 6-2 评分标准

<table>
<tr><th>项目内容</th><th>配分</th><th colspan="4">评分标准</th><th>扣分</th></tr>
<tr><td>默写电路图及改绘接线图</td><td>30 分</td><td colspan="4">绘制及改画不正确，每错一处 扣 5 分</td><td></td></tr>
<tr><td>安装操作</td><td>30 分</td><td colspan="4">① 错套或漏套编码管，每处 扣 1 分
② 改装不符合要求，每处 扣 4 分
③ 改装不正确，每处 扣 10 分</td><td></td></tr>
<tr><td>通电调试</td><td>40 分</td><td colspan="4">① 热继电器未整定或整定错 扣 5 分
② 熔体规格配错，主、控电路各 扣 5 分
③ 第一次试车不成功 扣 20 分
④ 第二次试车不成功 扣 30 分</td><td></td></tr>
<tr><td>安全生产</td><td colspan="5">违反安全生产规程 扣 10 分</td><td></td></tr>
<tr><td>定额时间 3.5 h</td><td colspan="5">每超时 10 min 扣 10 分</td><td></td></tr>
<tr><td>开始时间</td><td colspan="2"></td><td rowspan="2">实际时间</td><td rowspan="2"></td><td rowspan="2">成绩</td><td rowspan="2"></td></tr>
<tr><td>结束时间</td><td colspan="2"></td></tr>
</table>

五、检修训练

① 故障设置：在安装主电路和控制线路上设置电气自然故障两处。

② 教师示范检修。

A. 用试验法来观察故障现象：主要是观察电动机的运行情况；根据接触器的工作情况来判别。如遇异常情况，应立即断电检查。

B. 用逻辑分析法缩小故障范围，可用铅笔在电路图中标出故障部位的最小范围。

C. 用测量法，通过数值与正常值的对比，迅速找出故障点。

D. 综合运用 3 种方法，采取正确快速修正方法，排查故障。

E. 排除故障，通电试车。

③ 学生检修：在学生检修时，教师可以进行原理启发性的示范指导。

A. 认真听取教师的示范讲解。

B. 对于电路图了解每个环节的作用。

C. 在排查故障过程中，思路和方法要正确。

D. 工具和仪表使用要正确。

E. 带电检修时。必须征得教师同意，全程现场监护，确保安全。

F. 检修在定额时间内完成。

任务2 三相异步电动机星形/三角形变换启动线路的安装

一、实训目的

掌握三相异步电动机星形/三角形时间继电器控制正确安装和检修的方法。

二、工具、仪表和器材

① 工具：测电笔、螺钉旋具、尖嘴钳、斜口钳等电工常用工具。

② 仪表：M47型万用表、T301-A型钳形电流表、5050型兆欧表。

③ 器材：电工操作板一块。导线规格：动力电路采用BV 1.5 mm和BVR 1.5 mm，控制线路采用1 mm塑铜线。接地线采用BVR（双色绿黄塑铜线），紧固螺钉和编码管若干。

④ 元件明细表如表6-3所示。

表6-3 元件明细表

代号	名称	型号	规格	数量
M	三相异步电动机	Y112M-4	4 kW 380 V 8.8 A 1 440 r/min △接法	1
QF	塑壳断路器	HZ10-25/3	三极 25A	1
FU1	熔断器(主)	RL1-60/25	500 V 60 A 配熔体 25 A	3
FU2	熔断器(控)	RL1-15/2	500 V 15 A 配熔体 2 A	2
KM1	交流接触器	CJ10-20	20 A 线圈电压380 V	3
KH	热继电器	JR16-20/3	三极 20 A 额定电流8.8 A	1
SB	按钮	LA10-3H	保护式、380 V 、5 A、按钮数3个	1
KT	时间继电器	JS7-24	线圈电压380 V	1
XT	接线端子板	JX2-1015	380 V 10 A 15节	1

三、安装步骤和工艺要求

① 根据表6-3配齐所需电器元件，并进行质量检验。电器元件应完好无损，各项技术指标符合规定要求，方可使用。

② 根据图6-2所示原理图设计电路布置图，并进行电器元件的定位安装，低压断路器、熔断器的受电端应该为控制板的外侧；元件的安装整齐、间隙合理，便于元件的更换；紧固元件用力均匀；要使元件牢固，又不会使元件损坏。

③ 导线严禁损伤线芯和导线绝缘层；接点牢靠，不得松动，不得压绝缘层，导线顺时针压线、不露铜过长等。

④ 安装电动机。要保证电动机牢固平稳，安全。

⑤ 金属外壳和电动机外壳可靠连接接地保护线。

⑥ 连接电源、电动机等控制板的外部导线。线槽布线应使导线在其线槽内，明线布置应采用绝缘良好的橡皮线进行。

⑦ 自我检查电路，确认。

⑧ 通电试车。通电需经指导教师同意后，接通电源。出现故障后，学生必须独立检修，提高对电路原理和工作综合熟悉程度。

⑨ 试车完毕后，停转、断电，拆卸电源线，再拆除电动机负载端线。

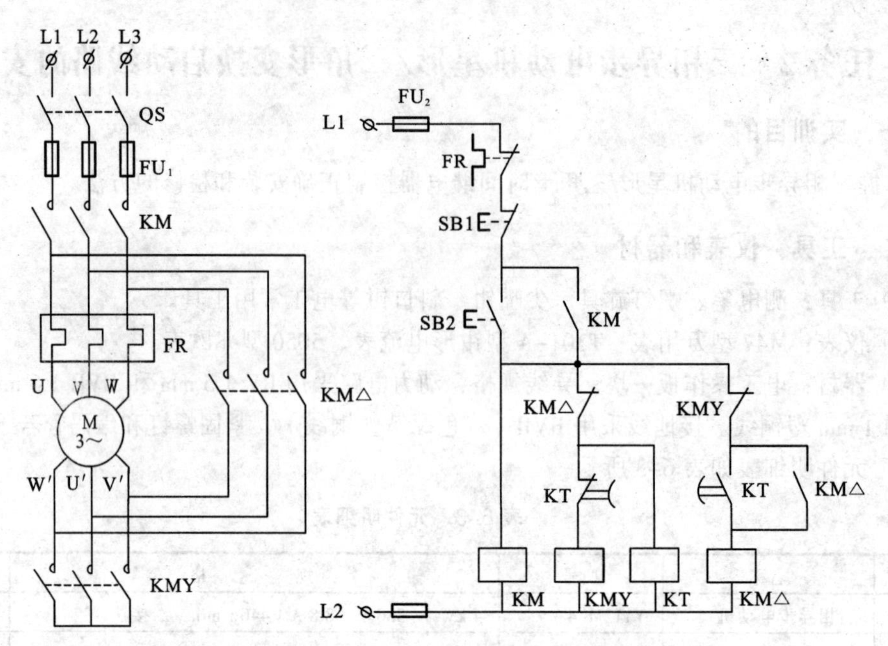

图 6-2 三相异步电动机 Y-△降压启动控制线路

四、注意事项

① 进行星形/三角形降压启动控制的电动机，必须有 6 个出线端子且定子绕组在△接法时额定电压等于三相电源线电压。

② 接线时要保证电动机△接法的正确性，接触器 KM△主接头闭合时，应保证定子绕组的 U1 与 W2、V1 与 U2、W1 与 V2 相连接。

③ 接触器 KMY 的进线必须从三相定子绕组的末端引入，若误将其首端引入，则在 KMY 吸合时，会产生三相电源短路事故。

④ 在实训配线中，必须要求一律将导线放入导线槽内，遵守安全标准。

⑤ 通电检验时必须有指导教师现场监护，出现故障时学生应自行排除。

五、安装训练

① 根据所学的可逆运行电路绘制电路图。

② 根据所绘制电路图，改画正反转控制的接线图。

③ 根据电路图和接线图，将该电路安装调试成功。

④ 评分标准如表 6-4 所示。

表 6-4 评分标准

项目内容	配分	评 分 标 准		扣分
默写电路图及改绘接线图	20 分	绘制及改画不正确，每错一处	扣 5 分	
装前检查	10 分	① 电动机质量检查，每漏一处 ② 电器元件漏检或错检，每处	扣 5 分 扣 2 分	
安装操作	30 分	① 错套或漏套编码管，每处 ② 安装不符合要求，接点松动、露铜过长、压绝缘层、反圈等每处 ③ 改装不正确，每处	扣 1 分 扣4分 扣 10 分	

续表

项目内容	配分	评　分　标　准	扣分
通电调试	40分	① 热继电器未整定或整定错　扣5分 ② 熔体规格配错，主、控电路各　扣5分 ③ 第一次试车不成功　扣20分 ④ 第二次试车不成功　扣30分	
安全生产	违反安全生产规程	扣10分	
定额时间3.5 h	每超时10 min	扣10分	
开始时间		实际时间		成绩	
结束时间					

六、检修训练

① 故障设置：在安装主电路和控制线路上设置电气自然故障两处。

② 教师示范检修：

A. 用试验法来观察故障现象：主要是观察电动机的运行情况；根据接触器的工作情况来判别。如遇异常情况，应立即断电检查。

B. 用逻辑分析法缩小故障范围，可用铅笔在电路图中标出故障部位的最小范围。

C. 用测量法，通过数值与正常值的对比，迅速找出故障点。

D. 综合运用3种方法，采取正确快速修正方法，排查故障。

E. 排除故障，通电试车。

③ 学生检修：在学生检修时，教师可以进行原理启发性地示范指导。

A. 认真听取教师的示范讲解。

B. 对于电路图了解每个环节的作用。

C. 在排查故障过程中，思路和方法要正确。

D. 工具和仪表使用要正确。

E. 带电检修时，必须征得教师同意，全程现场监护，确保安全。

F. 检修在定额时间内完成。

检修电路评分标准如表6-5所示。

表6-5　评分标准

项目	配分	评　分　标　准	扣分
故障分析	30分	① 检修思路不正确，每处　扣5分 ② 标错电路故障范围，每处　扣15分	
排除故障	70分	① 断电后不验电　扣 ② 工具和仪表使用不当，每次　扣10分 ③ 排除故障的顺序不对，每处　扣5分 ④ 不能查出故障，每处　扣20分 ⑤ 产生新故障，每处　扣25分 ⑥ 损坏电器或电动机　扣5～35分 ⑦ 排除故障后，试车不成功　扣50分	
安全文明意识		违反安全文明生产规程　扣10~70分	
定额时间30min		不允许超时检修，可以在修复过程中检修，按超时1 min扣5分的原则进行	
开始时间		结束时间		成绩	

任务3 三相异步电动机星形/三角形变换启动线路的PLC改造

一、项目控制要求

按项目二中的三相笼形异步电动机的降压启动控制线路原理，按图6-2时间继电器自动控制Y-△降压启动控制线路的工作过程，根据可编程序控制器改造继电器控制电路的步骤进行实训设计。

二、设置输入/输出端口

输入/输出端口分配表如表6-6所示。

表6-6 输入/输出端口分配

输入（I）			输出（O）		
输入继电器	输入元件	作用	输出继电器	输出元件	作用
X001	SB1	停止按钮	Y001	KM1	电源接触器
X002	SB2	启动按钮	Y002	KM2	△联结接触器
			Y003	KM3	Y联结接触器

三、绘制PLC的输入/输出（I/O）接线图

绘制PLC的输入/输出（I/O）接线图，如图6-3所示。

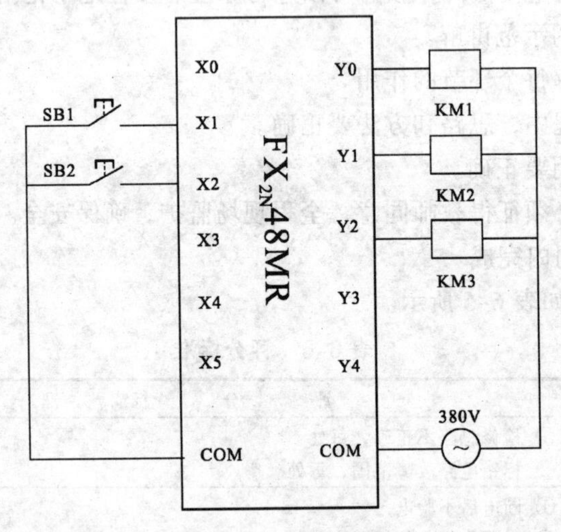

图6-3 PLC的输入/输出（I/O）接线图

四、编制梯形图程序

编制梯形图程序，如图6-4（a）所示。

五、编制指令表程序

编制指令表程序，如图6-4（b）所示。

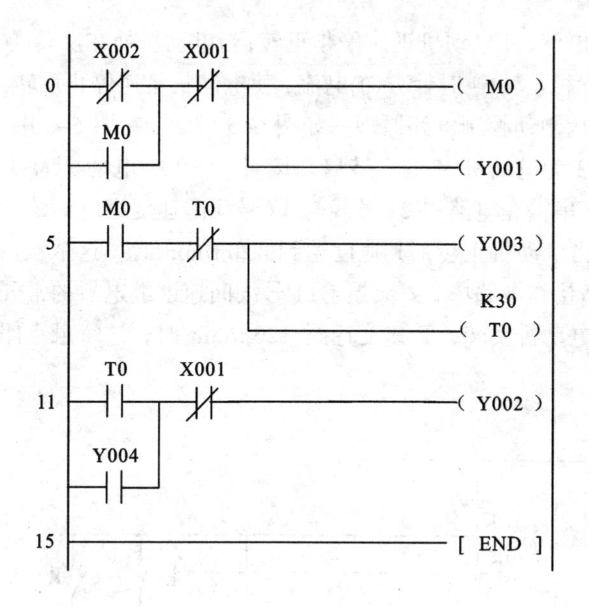

（a）梯形图

0	LD	X002	
1	OR	M0	
2	ANI	X001	
3	OUT	M0	
4	OUT	Y001	
5	LD	M0	
6	ANI	T0	
7	OUT	Y003	
8	OUT	T0	K30
11	LD	T0	
12	OR	Y004	
13	ANI	X001	
14	OUT	Y002	
15	END		

（b）指令表

图 6-4 PLC 编程

六、评分标准

设计过程的评分标准详如表 6-7 所示。

表 6-7 评分标准

项目内容	配分	评分标准		扣分
默写 Y-△降压启动控制线路电路	30 分	绘制电路不正确，每错一处	扣 5 分	
编写 PLC 程序	30 分	① 梯形图编程错误，每处 ② I/O 图不符合要求，每处 ③ 指令表编程错误，每处	扣 1 分 扣 4 分 扣 10 分	
通电调试	40 分	① PLC 编程器整定错 ② 指令输入错误 ③ 第一次调试不成功 ④ 第二次调试不成功	扣 5 分 扣 5 分 扣 20 分 扣 30 分	
安全生产	违反安全生产规程		扣 10 分	
定额时间 3.5 h	每超时 10 min		扣 10 分	
开始时间		实际时间		成绩
结束时间				

任务 4 三相异步电动机双向反接制动 PLC 控制程序设计

一、项目控制要求

三相异步电动机双向反接制动控制电路的特点是：当电动机正转(逆时针方向)停车时，在电动机的绕组中通入三相反转(顺时针方向)电流，使电动机迅速停止正转；当电动机处在反转(顺时针方向)停车时，在电动机的绕组中通入三相正转(逆时针方向)电流，使电动机迅速停止反转。

三相异步电动机接触器-继电器双向反接制动控制电路原理图如图 6-5 所示。在图 6-5 中，按钮 SB2 为电动机 M 的正转启动按钮，SB3 为电动机 M 的反转启动按钮，SB1 为电动机 M 的制动停止按钮。KS1 和 KS2 为速度继电器，串接在电路中 21 号线与 17 号线间速度继电器的常开触点 KS1 为电动机正转停止制动触点。当电动机正转，其速度达到 120 r/min 时，这个触点闭合，为电动机正转反接制动作好准备。串接在电路中 21 号线与 11 号线间速度继电器的常开触点 KS2 为电动机反转停止制动触点。当电动机反转，其速度达到 120 r/min 时，这个触点闭合，为电动机反转反接制动作好准备。

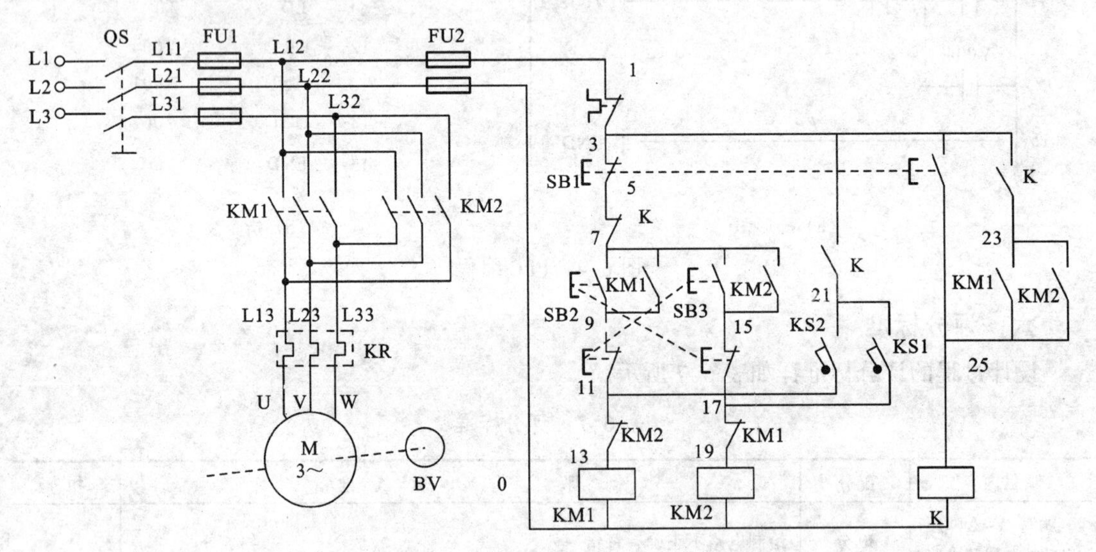

图 6-5　三相异步电动机接触器-继电器双向反接制动控制电路原理图

按图 6-5 反接制动控制线路的动作过程，根据可编程序控制器改造继电器控制电路的步骤进行实训设计。

二、设置输入/输出端口

设置输入和输出端口分配表如表 6-8 所示。

表 6-8　三相异步电动机双向反接制动控制电路 PLC 的输入/输出点分配表

输入信号			输出信号		
名称	代号	输入点编号	名称	代号	输出点编号
热继电器	KR	X0	正转接触器	KM1	Y0
制动停止按钮	SB1	X1	反转接触器	KM2	Y1
正转启动按钮	SB2	X2			
反转启动按钮	SB3	X3			
速度继电器正转制动触点	KS1	X4			
速度继电器反转制动触点	KS2	X5			

三、绘制 PLC 的 I/O 接线图

绘制 PLC 的输入/输出（I/O）接线图，如图 6-6 所示。

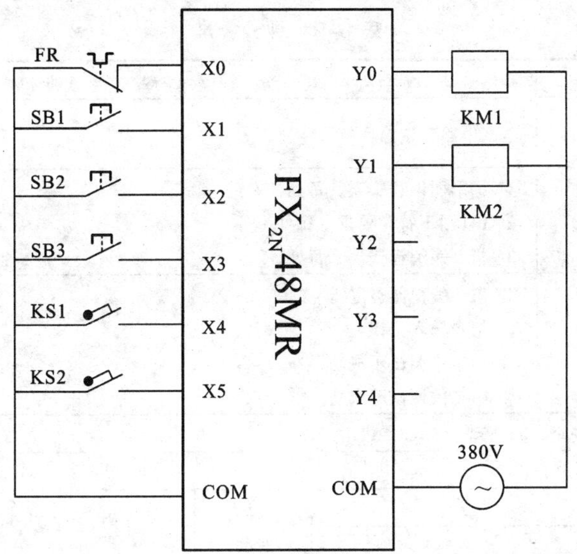

图 6-6　PLC 的输入/输出（I/O）接线图

四、编制梯形图程序

编制梯形图程序，如图 6-7（a）所示。

五、编制指令表程序

编制指令表程序，如图 6-7（b）所示。

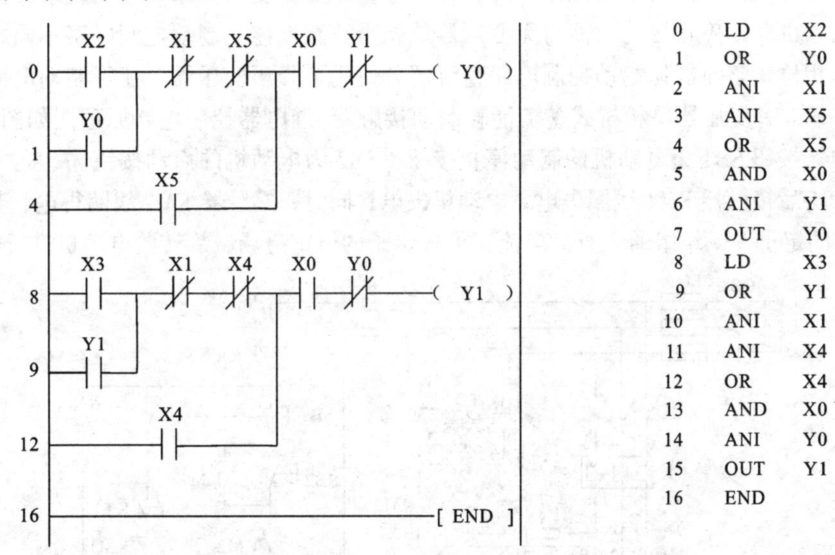

步	指令	元件
0	LD	X2
1	OR	Y0
2	ANI	X1
3	ANI	X5
4	OR	X5
5	AND	X0
6	ANI	Y1
7	OUT	Y0
8	LD	X3
9	OR	Y1
10	ANI	X1
11	ANI	X4
12	OR	X4
13	AND	X0
14	ANI	Y0
15	OUT	Y1
16	END	

（a）梯形图　　（b）指令表

图 6-7　梯形图和指令表

六、评分标准

评分标准如表 6-9 所示。

表 6-9　评分标准

<table>
<tr><th>项目内容</th><th>配分</th><th colspan="4">评　分　标　准</th><th>扣分</th></tr>
<tr><td>默写双向反接制动控制电路</td><td>30分</td><td colspan="4">绘制电路不正确，每错一处　扣 5 分</td><td></td></tr>
<tr><td>编写 PLC 程序</td><td>30分</td><td colspan="4">① 梯形图编程错误，每处　扣 1 分
② I/O 图不符合要求，每处　扣 4 分
③ 指令表编程错误，每处　扣 10 分</td><td></td></tr>
<tr><td>通电调试</td><td>40分</td><td colspan="4">① PLC 编程器整定错　扣 5 分
② 指令输入错误　扣 5 分
③ 第一次调试不成功　扣 20 分
④ 第二次调试不成功　扣 30 分</td><td></td></tr>
<tr><td>安全生产</td><td colspan="5">违反安全生产规程　扣 10 分</td><td></td></tr>
<tr><td>定额时间 3.5 h</td><td colspan="5">每超时 10 min　扣 10 分</td><td></td></tr>
<tr><td>开始时间</td><td></td><td rowspan="2">实际时间</td><td rowspan="2"></td><td rowspan="2">成绩</td><td rowspan="2" colspan="2"></td></tr>
<tr><td>结束时间</td><td></td></tr>
</table>

任务 5　有变压器单相桥式整流能耗制动的 PLC 控制设计

一、项目控制要求

同无变压器单相半波整流能耗制动控制电路相比较，有变压器单相桥式整流能耗制动控制电路的特点为：同样也是在电动机停车时，将经过整流的直流电流通入电动机任意两相定子绕组中，使电动机立即停止转动。而与无变压器单相半波整流能耗制动控制电路不同之处在于，有变压器单相桥式整流能耗制动控制电路整流部分使用了降压变压器，使得制动电源电压低，更为安全可靠。有变压器单相桥式整流能耗制动接触器-继电器控制电路原理图如图 6-8 所示。在图 6-8 中，按钮 SB1 为电动机的制动停止按钮，SB2 为电动机的启动按钮。

按下 SB1 后接触器 KM1 线圈失电，电动机失电；同时，接触器 KM2 线圈得电，其主触点合上，电动机的定子 VW 绕组通入直流电流，形成定子的恒定磁场、旋转的电动机进行能耗制动。

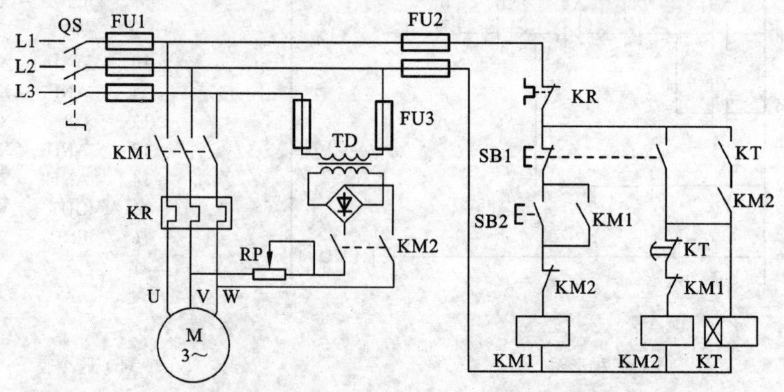

图 6-8　有变压器单相桥式整流能耗制动接触器-继电器控制电路原理图

二、PLC 的输入/输出分配

PLC 的输入/输出点分配表如表 6-10 所示。

表 6-10　有变压器单相桥式整流能耗制动的控制电路的 PLC 输入/输出点分配表

输入信号			输出信号		
名　称	代号	输入点编号	名　称	代号	输出点编号
热继电器	KR	X0	启动运转接触器	KM1	Y0
制动停止按钮	SB1	X1	制动停车接触器	KM2	Y1
启动按钮	SB2	X2			

三、PLC 的 I/O 接线图

绘制 PLC 的输入/输出（I/O）接线图如图 6-9 所示。

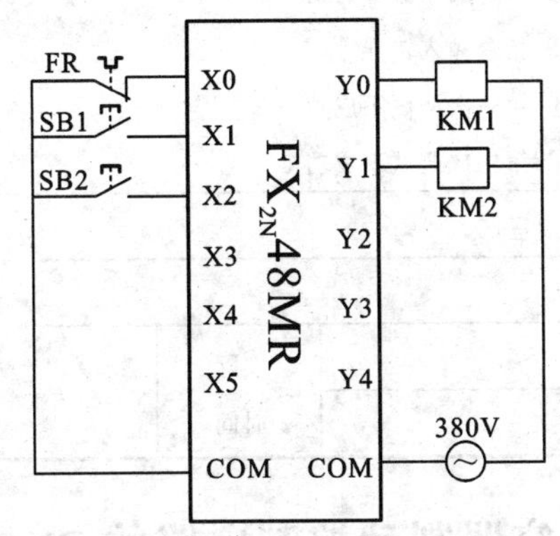

图 6-9　有变压器单相桥式整流能耗制动控制电路 PLC 控制接线图

四、PLC 控制的梯形图及指令语句表编程

PLC 控制的梯形图及指令语句表编程如图 6-10 所示。

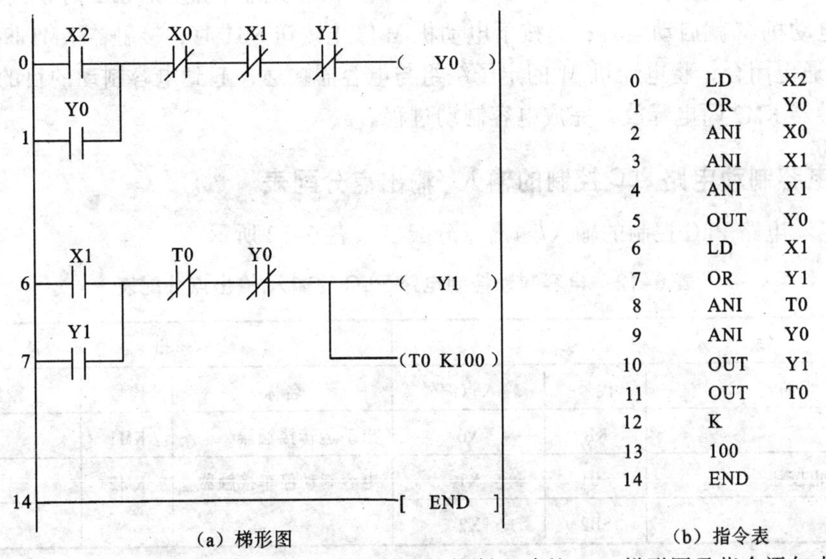

图 6-10　有变压器单相桥式整流能耗制动的控制电路的 PLC 梯形图及指令语句表

五、评分标准

评分标准如表 6-11 所示。

表 6-11 评分标准

项目内容	配分	评分标准		扣分
默写有变压器单相桥式整流能耗制动控制电路	30 分	绘制电路不正确，每错一处	扣 5 分	
编写 PLC 程序	30 分	① 梯形图编程错误，每处 ② I/O 图不符合要求，每处 ③ 指令表编程错误，每处	扣 1 分 扣 4 分 扣 10 分	
通电调试	40 分	① PLC 编程器整定错 ② 指令输入错误 ③ 第一次调试不成功 ④ 第二次调试不成功	扣 5 分 扣 5 分 扣 20 分 扣 30 分	
安全生产	违反安全生产规程		扣 10 分	
定额时间 3.5 h	每超时 10 min		扣 10 分	
开始时间		实际时间		成绩
结束时间				

任务 6　电容器制动控制电路的 PLC 控制设计

一、项目控制要求

电容制动控制电路原理图如图 6-11 所示，当按下电动机启动按钮 SB2 时，接触器 KM1 通电闭合，电动机 M 就启动运转；当按下电动机 M 停止按钮 SB1 时，接触器 KM1 断电释放，接触器 KM2 通电闭合，将电动机 M 的定子绕组与电容器接通，起到电容制动的目的。经过一定时间，接触器 KM2 断电释放，完成电容制动过程。

二、电容制动电路 PLC 控制的输入/输出点分配表

电容制动电路 PLC 控制的输入/输出点分配表如表 6-12 所示。

表 6-12 电容制动控制电路 PLC 的输入/输出点分配表

输入信号			输出信号		
名称	代号	输入点编号	名称	代号	输出点编号
热继电器	KR	X0	启动运转接触器	KM1	Y0
电容制动停止按钮	SB1	X1	电容制动停车接触器	KM2	Y1
启动按钮	SB2	X2			

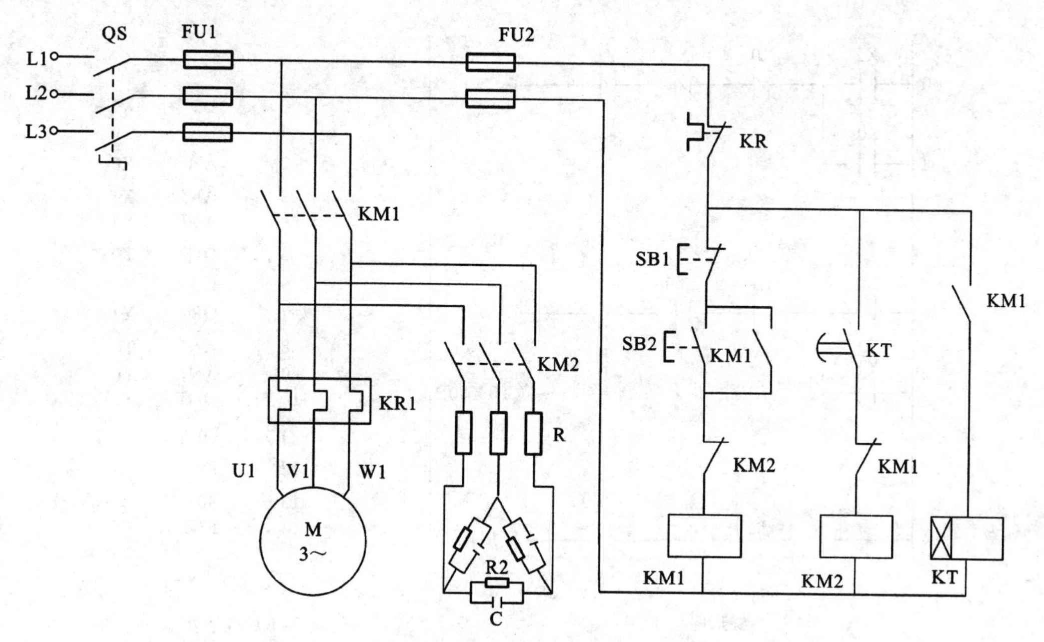

图6-11　接触器-继电器电容制动控制电路原理图

三、电容制动PLC控制接线图

电容制动PLC控制接线图如图6-12所示。

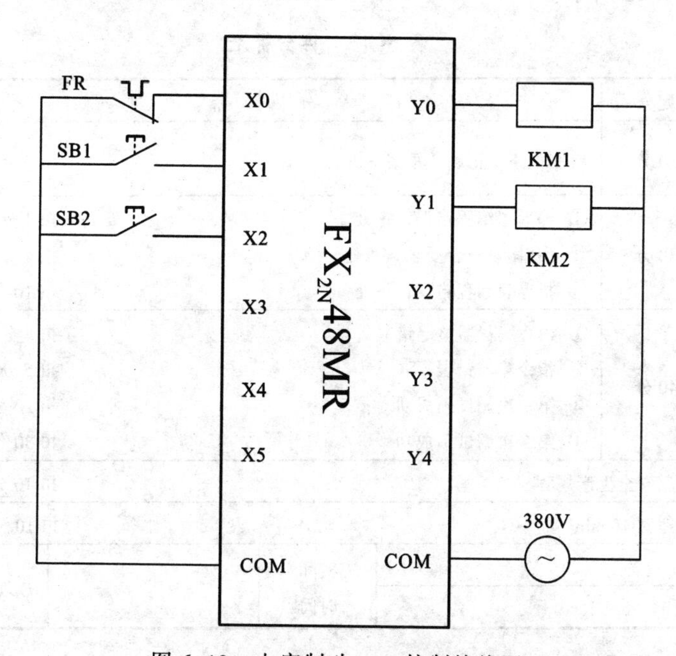

图6-12　电容制动PLC控制接线图

四、电容制动的PLC控制梯形图及指令语句表

电容制动PLC控制梯形图及指令语句表如图6-13所示。

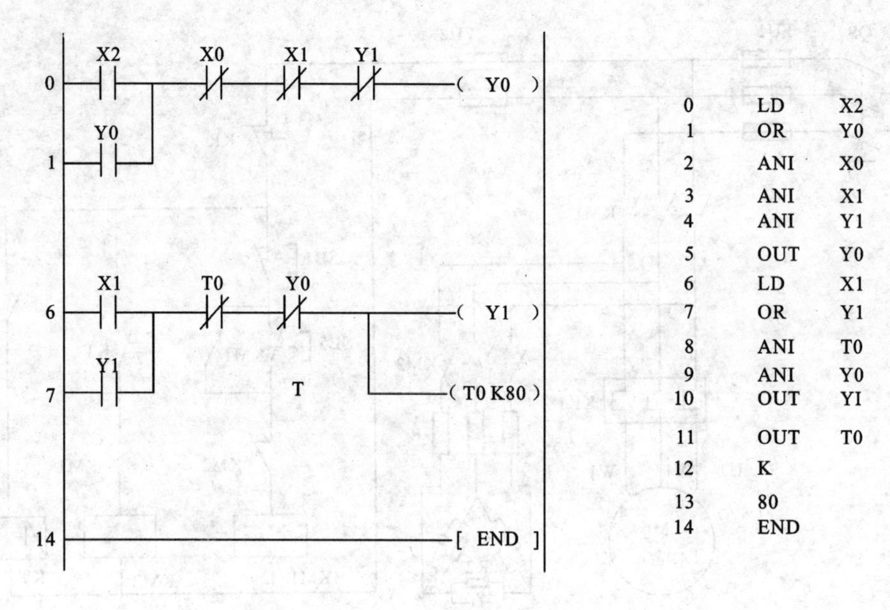

（a）梯形图　　　　（b）指令表

图 6-13　电容制动的控制电路的 PLC 梯形图及指令语句表

五、评分标准

评分标准如表 6-13 所示。

表 6-13　评分标准

项目内容	配分	评分标准		扣分
电容制动控制线路电路	30 分	绘制电路不正确，每错一处	扣 5 分	
编写 PLC 程序	30 分	① 梯形图编程错误，每处 ② I/O 图不符合要求，每处 ③ 指令表编程错误，每处	扣 1 分 扣 4 分 扣 10 分	
通电调试	40 分	① PLC 编程器整定错 ② 指令输入错误 ③ 第一次调试不成功 ④ 第二次调试不成功	扣 5 分 扣 5 分 扣 20 分 扣 30 分	
安全生产	违反安全生产规程		扣 10 分	
定额时间 3.5 h	每超时 10 min		扣 10 分	
开始时间		实际时间		成绩
结束时间				

任务 7　双速电动机 PLC 控制程序设计

一、项目控制要求

双速电动机接触器-继电器控制电路的特点如图 6-14 所示。

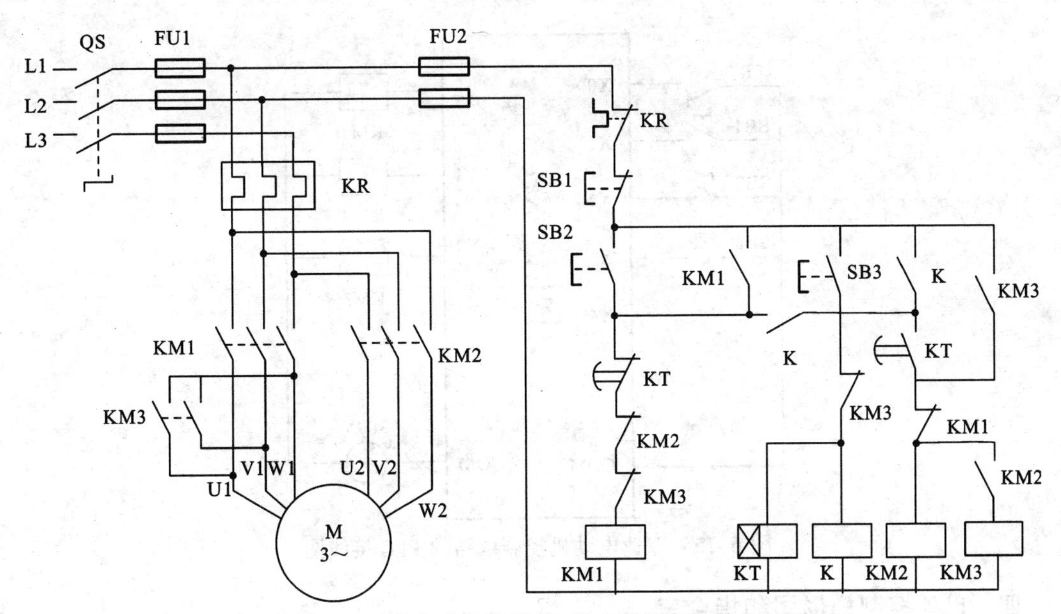

图 6-14 双速电动机接触器-继电器控制电路原理图

在图 6-14 中，按钮 SB1 为双速电动机 M 的停止按钮，按钮 SB2 为双速电动机 M 的低速启动按钮，按钮 SB3 为双速电动机 M 的高速启动按钮。

当按下双速电动机 M 的低速启动按钮 SB2 时，接触器 KM1 闭合，双速电动机 M 的定子绕组接成△接法低速运转；当按下双速电动机 M 的高速启动按钮 SB3 时，接触器 KM1 首先闭合，双速电动机 M 低速启动，经过一定时间，接触器 KM1 释放，接触器 KM2、KM3 闭合，双速电动机 M 的定子绕组接成 YY 接法高速运转。

双速电动机控制电路 PLC 控制设计，需要根据以上双速电动机接触器-继电器控制动作的顺序和要求来进行。

二、PLC 的输入/输出点分配表

PLC 的输入/输出点分配表如表 6-14 所示。

表 6-14 双速电动机控制电路 PLC 的输入/输出点分配表

输入信号			输出信号		
名称	代号	输入点编号	名称	代号	输出点编号
停止按钮	SB1	X0	低速运转接触器	KM1	Y0
低速启动按钮	SB2	X1	高速运转接触器	KM2	Y1
高速启动按钮	SB3	X2	高速运转接触器	KM3	Y2
热继电器	KR	X3			

三、PLC 输入/输出接线图

PLC 输入/输出接线图如图 6-15 所示。

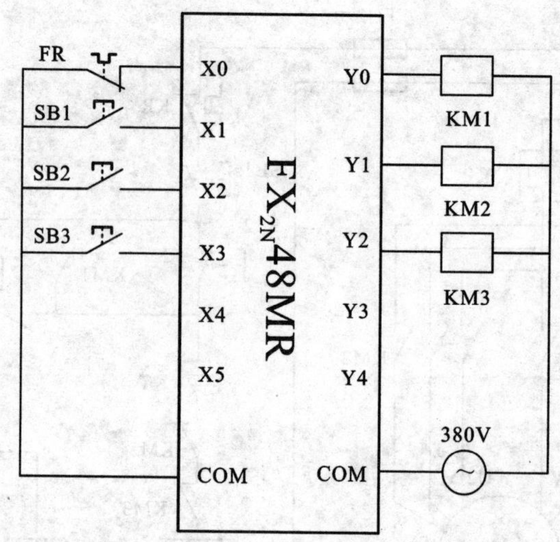

图 6-15　双速电动机控制电路的 PLC 接线图

四、PLC 控制梯形图和指令表

PLC 控制梯形图和指令表如图 6-16 所示。程序设计思路为：

① 当 X1（SB2）闭合时，Y0（KM1）闭合并自锁。

② 当 X2（SB3）闭合时，Y0 首先闭合，经过 5 s 后，Y1、Y2（KM2、KM3）闭合。

③ 当 Y0 闭合时，Y1、Y2 不能闭合；当 Y1、Y2 闭合时，Y0 不能闭合。

④ 当 X3（KR）闭合时，电动机 M 正常运转；当 X3 断开时，电动机 M 停止运转。

⑤ 当 X0（SB1）闭合时，电动机 M 停止运转。

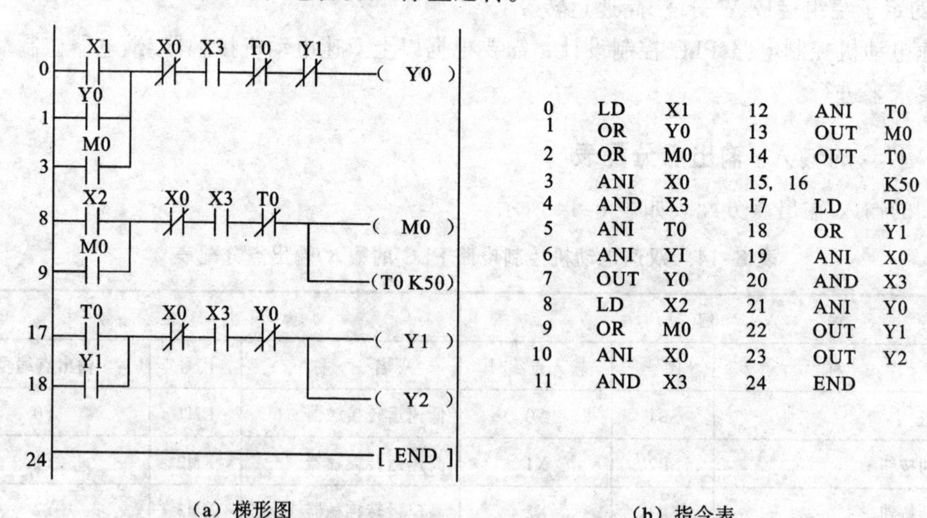

步	指令	元件	步	指令	元件
0	LD	X1	12	ANI	T0
1	OR	Y0	13	OUT	M0
2	OR	M0	14	OUT	T0
3	ANI	X0	15, 16		K50
4	AND	X3	17	LD	T0
5	ANI	T0	18	OR	Y1
6	ANI	YI	19	ANI	X0
7	OUT	Y0	20	AND	X3
8	LD	X2	21	ANI	Y0
9	OR	M0	22	OUT	Y1
10	ANI	X0	23	OUT	Y2
11	AND	X3	24	END	

（a）梯形图　　（b）指令表

图 6-16　双速电动机控制电路的 PLC 梯形图及指令表

五、评分标准

评分标准如表 6-15 所示。

表 6-15　评分标准

项目内容	配分	评　分　标　准		扣分
默写双速电动机接触器-继电器控制电路	30分	绘制电路不正确，每错一处	扣5分	
编写PLC程序	30分	① Y1梯形图编程错误，每处 ② I/O图不符合要求，每处 ③ 指令表编程错误，每处	扣1分 扣4分 扣10分	
通电调试	40分	① PLC编程器整定错 ② 指令输入错误 ③ 第一次调试不成功 ④ 第二次调试不成功	扣5分 扣5分 扣20分 扣30分	
安全生产		违反安全生产规程	扣10分	
定额时间3.5 h		每超时10 min	扣10分	

开始时间		实际时间		成绩	
结束时间					

任务8　5组抢答器的PLC控制程序设计

一、项目控制要求

5个队参加抢答比赛，比赛规则及所使用的设备如下：

① 设有主持人总台及各个参赛队分台。

② 总台设有总台灯及总台音响、总台开始及总台复位按钮。分台设有分台灯、分台抢答按钮。各队抢答必须在主持人给出题目，说了“开始”并同时按了开始控制钮后的10 s内进行，如提前抢答，抢答器将报出“违例”信号（违例扣分）。

③ 10 s时间到，还无人抢答，抢答器将给出应答时间到信号，该题作废。

④ 在有人抢答情况下，抢得的队必须在30 s内完成答题，如30 s内还没答完，则作答题超时处理。

灯光及音响信号所表示的意义是这样安排的：

① 音响及某台灯：正常抢得。

② 音响及某台灯加总台灯：违例。

③ 音响加总台灯：无人应答及答题超时。

在一个题目回答终了后，主持人按下复位按钮。抢答器恢复原始状态，为第二轮抢答做好准备。

二、I/O设置表

I/O设置表如表6-16所示。

表 6-16　I/O设置表

输　入		输　出		其　他	
输入继电器	作用	输出继电器	作用	其他机内器件	作用
X000	总台复位按钮	Y000	总台音响	M0	公共控制触点继电器
X001	第1分台按钮	Y001	第1分台台灯	M1	应答时间辅助继电器

续表

输入		输出		其他	
X002	第 2 分台按钮	Y002	第 2 分台台灯	M2	抢答辅助继电器
X003	第 3 分台按钮	Y003	第 3 分台台灯	M3	答题时间辅助继电器
X004	第 4 分台按钮	Y004	第 4 分台台灯	M4	音响启动信号继电器
X005	第 5 分台按钮	Y005	第 5 分台台灯	T1	应答时限 10 s
X010	总台开始按钮	Y014	总台灯	T2	答题时限 30 s
				T3	音响时限 1 s

三、PLC 接线图

PLC 接线图如图 6-17 所示。

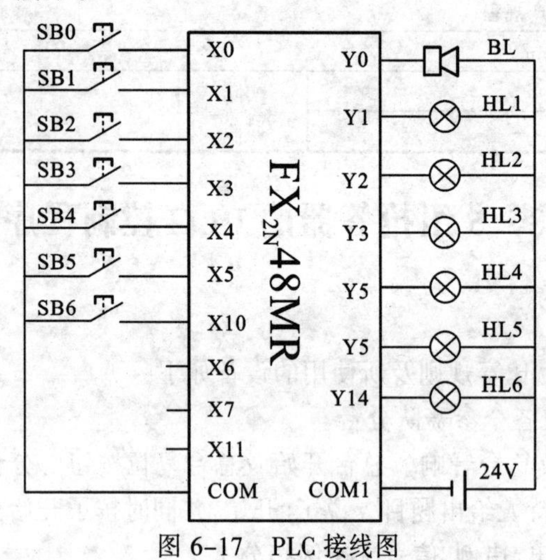

图 6-17 PLC 接线图

四、梯形图编程

梯形图编程如图 6-18 所示。

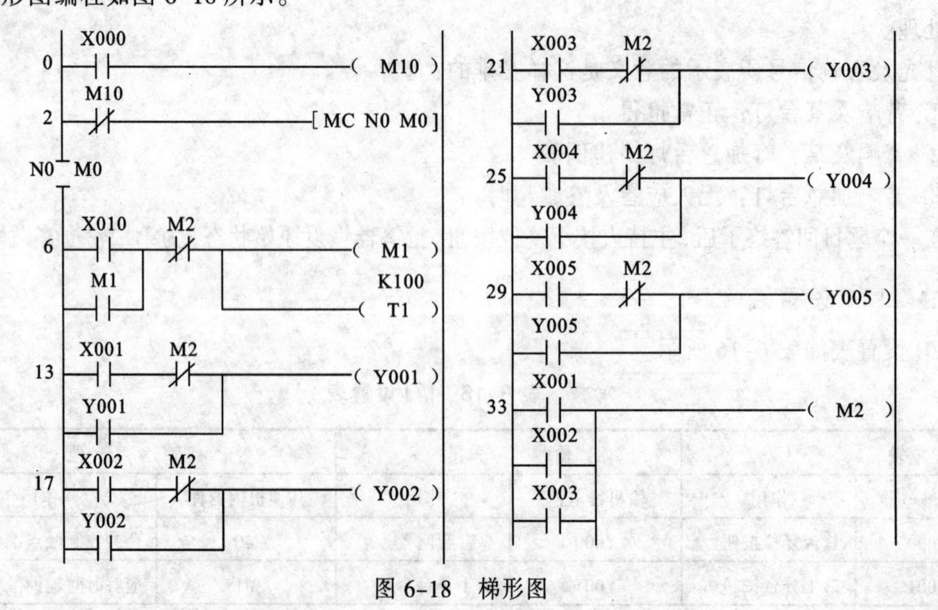

图 6-18 梯形图

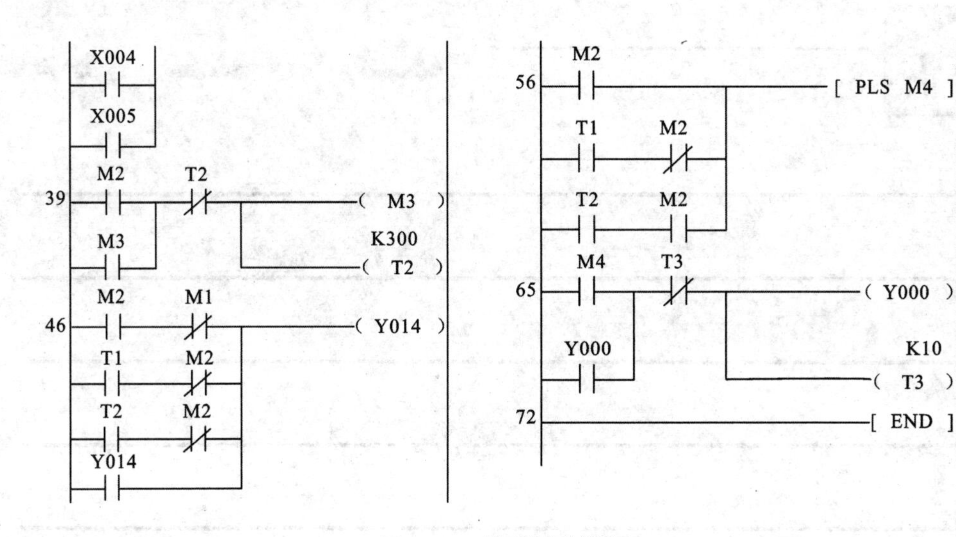

图6-18　梯形图（续）

五、编程

自行设计指令表（助记符）程序，并且输入可编程序控制器进行调试。

六、评分标准

评分标准如表6-17所示。

表6-17　评分标准

项目内容	配分	评分标准		扣分
默写PLC的I/O接线图	30分	绘制电路不正确，每错一处	扣5分	
编写PLC程序	30分	① 梯形图编程错误，每处 ② I/O图不符合要求，每处 ③ 指令表编程错误，每处	扣1分 扣4分 扣10分	
通电调试	40分	① PLC编程器整定错 ② 指令输入错误 ③ 第一次调试不成功 ④ 第二次调试不成功	扣5分 扣5分 扣20分 扣30分	
安全生产	违反安全生产规程		扣10分	
定额时间3.5 h	每超时10 min		扣10分	
开始时间		实际时间		成绩
结束时间				

Learn more about it!

笔记栏